国家中等职业教育改革发展示范学校特色教材
（物流服务与管理专业）

叉车实训指导书

刘清太　兰凤硕　主　编
张建如　谷伟玲　副主编

中国财富出版社

图书在版编目（CIP）数据

叉车实训指导书／刘清太，兰凤硕主编．—北京：中国财富出版社，2015.3
（国家中等职业教育改革发展示范学校特色教材．物流服务与管理专业）
ISBN 978－7－5047－5576－6

Ⅰ.①叉…　Ⅱ.①刘…②兰…　Ⅲ.①叉车—中等专业学校—教学参考资料
Ⅳ.①TH242

中国版本图书馆CIP数据核字（2015）第044230号

策划编辑　葛晓雯　　**责任印制**　何崇杭
责任编辑　葛晓雯　　**责任校对**　梁　凡

出版发行　中国财富出版社（原中国物资出版社）
社　　址　北京市丰台区南四环西路188号5区20楼　　**邮政编码**　100070
电　　话　010－52227568（发行部）　　010－52227588转307（总编室）
　　　　　　010－68589540（读者服务部）　　010－52227588转305（质检部）
网　　址　http://www.cfpress.com.cn
经　　销　新华书店
印　　刷　中国农业出版社印刷厂
书　　号　ISBN 978－7－5047－5576－6/TH·0006
开　　本　787mm×1092mm　1/16　　**版　　次**　2015年3月第1版
印　　张　6.75　　**印　　次**　2015年3月第1次印刷
字　　数　140千字　　**定　　价**　18.00元

版权所有·侵权必究·印装差错·负责调换

成都市工程职业技术学校
国家示范校项目建设成果系列教材
《叉车实训指导书》编审委员会

主　　编	刘清太	成都市工程职业技术学校
	兰凤硕	北京络捷斯特科技发展有限公司
副主编	张建如	成都市工程职业技术学校
	谷伟玲	成都市工程职业技术学校
主　　审	陈俊杰	四川职业技术学院
	孙红菊	北京络捷斯特科技发展有限公司
参编人员	李　虎	西南石油大学
	张锦惠	成都工业职业技术学院
	周　魏	四川省双流县建设职业技术学校
	徐　娟	成都市工程职业技术学校
	许树宁	成都市现代制造职业技术学校
	何　倩	成都市工程职业技术学校
	李鎣莹	成都市工程职业技术学校
	王小兰	成都市工程职业技术学校
	杨　浩	遂宁市船山职业技术学校
	张　慧	北京络捷斯特科技发展有限公司
	程　鑫	北京络捷斯特科技发展有限公司

前　言

叉车在企业物流系统中扮演着非常重要的角色，是物料搬运设备的主力军。叉车的广泛应用使得对叉车驾驶员的需求大大增加，目前，叉车驾驶员岗位人才的培养途径单一，培养质量差，不能很好地与物流实际操作相结合。

我校在中高职“理实一体化”的教学号召下，编写了这本教材。其创新之处在于：

1. 采用模块结构，任务驱动，结构清晰，突出职业院校“理实一体化”教学要求，逐步展开，使老师易教，学生易学。

2. 为了改变现阶段大部分学生“光学不练、被动接受”的学习习惯，提高学生实际操作的能力，本教材在编写思路上重点考虑引导学生主动学习，将理论应用于实践；内容设置方面，注重配合实操演练、分组讨论、教师提问等教学方式。

本教材内容通俗易懂，图文并茂，形式新颖活泼，突出了理论与实践的结合，体现了科学性和实用性；由 4 个项目、9 个任务组成，具体包括认知叉车、叉车实训操作、叉车安全和叉车比赛模拟实训四个方面的内容。

项目一介绍了叉车的基本理论，主要是对叉车基本结构、叉车分类以及叉车相关参数三个方面的介绍。

项目二是对叉车操作的介绍，其中包括叉车基本操作、叉车的上下架操作和绕桩操作三方面的内容。

项目三讲述的主要内容是叉车操作安全规范和叉车的保养与维护方面的知识。

项目四为叉车比赛模拟实训，其设计的目的就是对叉车各项基本操作的应用考核。

本教材由刘清太、兰凤硕担任主编，张建如、谷伟玲担任副主编，陈俊杰、孙红菊担任主审，具体分工如下：

刘清太编写项目一中的实训任务一，谷伟玲编写项目一中的实训任务二，张建如编写项目一中的实训任务三，兰凤硕编写项目二中的实训任务一，李虎、张锦惠编写项目二中的实训任务二，工小兰、杨浩编写项目二中的实训任务三，徐娟、何倩编写项目三中的实训任务一，许树宁、张慧编写项目三中的实训任务二，李蓥莹、周魏、程鑫编写项目四。

尽管编者付出了很大的努力，但错误和不妥之处在所难免，希望读者不吝指正，我们将不胜感激。

编　者

2015 年 1 月

目 录

项目一
认 知 叉 车

实训任务一　认知叉车的结构

任务目标

知识目标	1. 了解叉车的发展与应用场合 2. 掌握叉车的整体结构 3. 掌握叉车的部件及其功能
技能目标	1. 能够描述叉车整体结构 2. 能够准确识别叉车基本部件的名称及其功能
素养目标	1. 培养学生良好的语言表达能力 2. 培养学生认真负责的工作态度

任务描述

随着社会的进步，科学技术的发展，物流设备在经济发展中的地位也越来越明显，叉车普及率也越来越高。叉车在企业物流系统中扮演着非常重要的角色，是物料搬运设备中的主力军，广泛应用于车站、港口、机场、工厂、仓库等国民经济各部门，是机械化装卸、堆垛和短距离运输的高效设备，所以，学会叉车的操作是十分有用的。为了提高各个学校对叉车实训的忠实程度，准备开展叉车竞赛。远光学校自开办以来一向秉持“崇尚技术，重视实操”的理念和精神实质，经常参加各种类型的技术实操比赛。新一轮的叉车实操比赛在即，但欲参加比赛的学生之前从未接触过叉车。因此，在比赛前学校决定带领学生去附近的远光仓储中心对叉车设备进行参观，并由指定带队老师和叉车操作员共同进行现场讲解，使学生认知叉车的部件结构与功能。学生作好记录，有问题及时提问，教师和叉车操作员解答，学生最终根据参观情况完成相关任务。

任务准备

活动组织形式		分组教学、课外实践
教学手段		小组讨论、多媒体教学、企业参观
主要涉及角色		带队老师、叉车操作员、学生
活动环境	硬件环境	仓储企业、计算机、纸、笔、叉车
	软件环境	网络资源、教材、office 软件

任务资讯

一、叉车认知

叉车又称铲车、叉式装卸车，是装卸搬运器械中最常见的具有装卸、搬运双重功能的机械。随着经济的快速发展，原始的人工搬运已无法满足大部分企业物料搬运的需求，于是早在1917年，第一辆自行式叉车在国外诞生，我国也在20世纪50年代开始了叉车的制造。从此叉车成为了机械化搬运的代表设备。因此，从叉车引入中国以来，市场对叉车的需求量持续上升。

叉车广泛应用于车站、港口、机场、工厂、仓库等地方，是机械化装卸、堆垛和短距离运输的高效设备。叉车以货叉作为主要的取货装置，依靠液压起升机构升降货物，由轮胎式行驶系统实现货物的水平搬运。叉车可以通过更换各类属具以满足多种货物的装卸搬运作业的需求。

二、叉车的基本部件

叉车由动力装置、轮式底盘和工作装置三个主要部分组成。工作装置包括门架、链条、叉架、货叉和液压缸等。门架为伸缩结构，铰接在车轴或车架上，通过倾斜液压缸可前后倾斜，以便于装卸货物和带货行驶。起升液压缸通过链条传动使装有货叉的叉架沿内门架升降，内门架以外门架为导轨上下伸缩，使叉车能在较低的门架高度下把货物举升到一定的高度。

叉车的基本部件主要包括货叉、货叉架、底盘、门架及门架控制手柄、方向盘、紧急制动开关、挡位、手制动、仪表盘、踏板、护顶架等（如图1-1所示）。

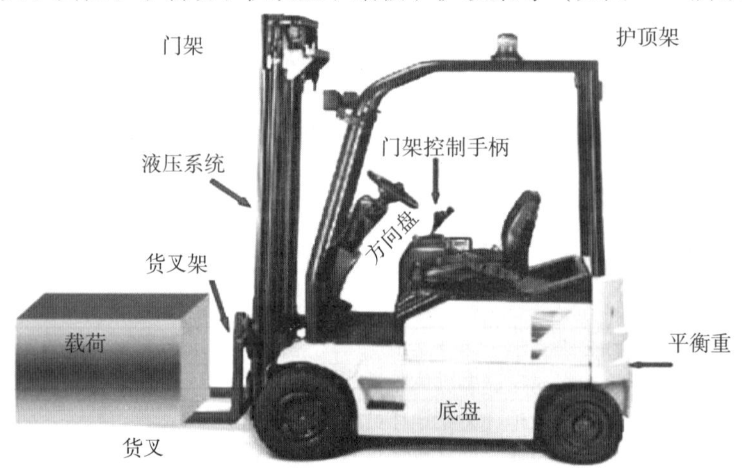

图1-1　叉车

1. 货叉

货叉是叉车属具的一种，其作用相当于挂装在叉车上的机械手，使叉车成为一种多用途高效率的物料搬运工具，能对几乎所有需要搬运的对象类型进行叉、夹、推、拉、侧移和旋转等作业，从而提高物流效率，降低生产成本，避免产品破损，节省仓储空间（如图1-2所示）。

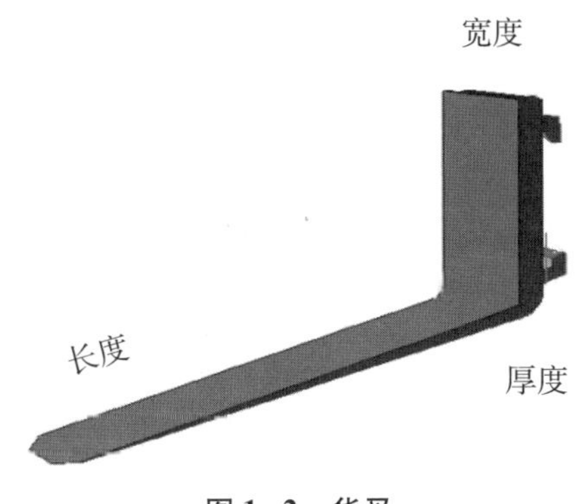

图1-2　货叉

货叉的种类很多，常见的有普通货叉、荷货叉、防爆货叉、罩形叉架、折叠型货叉、套筒型货叉、货叉加长器、鼓筒型货叉、木质用货叉、方型货叉、仿形货叉等特殊货叉。这些货叉广泛应用于仓储、造纸、包装、印刷、烟草、家电、酒和饮料、毛棉纺织、港口码头、铁路、汽车制造、钢铁冶炼、化工和建筑等行业。

2. 货叉架

货叉架是叉车起重系统的关键部件，其功能是挂接货叉。叉车货叉架的主要结构如图1-3所示，它主要由立柱板、下横梁、滚轮、立板、上横梁等零件焊接而成。

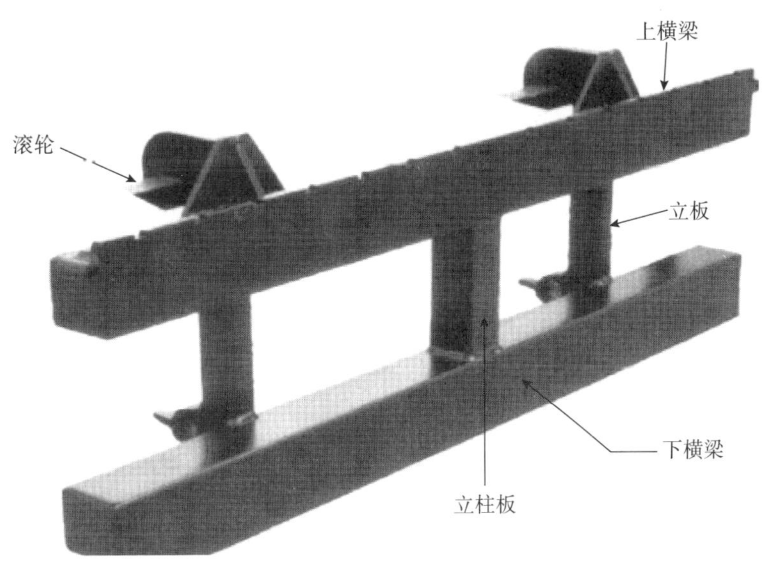

图1-3　货叉架

3. 底盘

叉车的所有部件均安装在叉车底盘上。叉车底盘主要有动力系、传动系、转向系和制动系等组成。叉车底盘与汽车底盘的作用基本相似，但由于叉车的特殊功能，与汽车底盘在结构上有所不同。汽车的转向桥在前面，驱动桥在后面，而叉车为了操作方便和承载要求，驱动桥在前，转向桥在后。为了保持叉车的纵向稳定性，叉车还在转向桥的后面设置了平衡重块（如图 1-4 所示）。

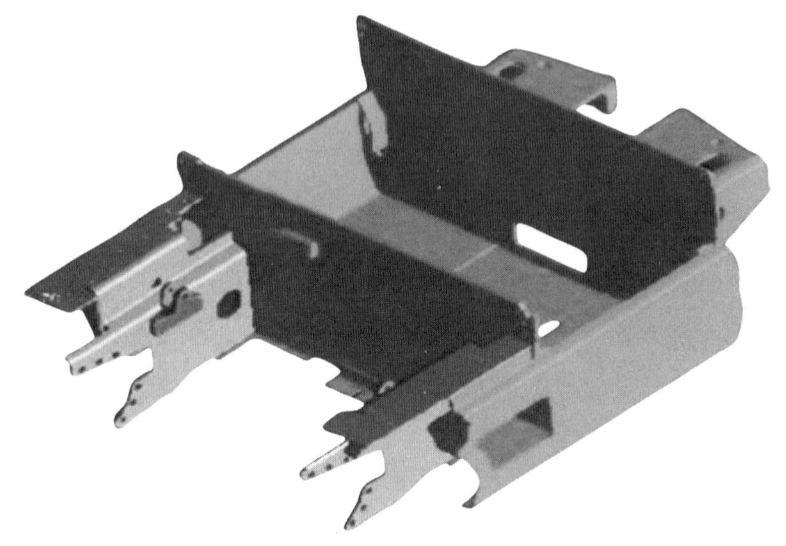

图 1-4　底盘

4. 门架及门架控制手柄

叉车工作装置：用于提升货物的机构被称为门架，它是叉车取物装置的主要承重结构，由内门架、外门架、货叉架、货叉、链轮、链条、起升油缸和倾斜油缸等组成。门架按照其自身的特点分为：两级有限自由。两级全自由和三级全自由（如图 1-5 所示）。

（1）两级有限自由门架，由两级组成，一级是固定的，另外一级是可以上下运动的。货叉架通过链条随可以移动的一级一起运动，由于链条的定滑轮缘故，货叉架的速度是滚轮上升速度的一倍。

（2）两级全自由门架，由两级组成，一级固定的，一级是可以移动的。货叉架可以全自由起升（指起升时门架没有伸展），然后再随着可以移动的一级门架移动。

（3）三级全自由门架，由一级固定的门架和两级可以移动的门架组成：货叉架可以全自由提升（门架没有伸展情况下），然后两级可以移动的门架开始运动，但是货叉架会随最里面的一级门架较快移动。

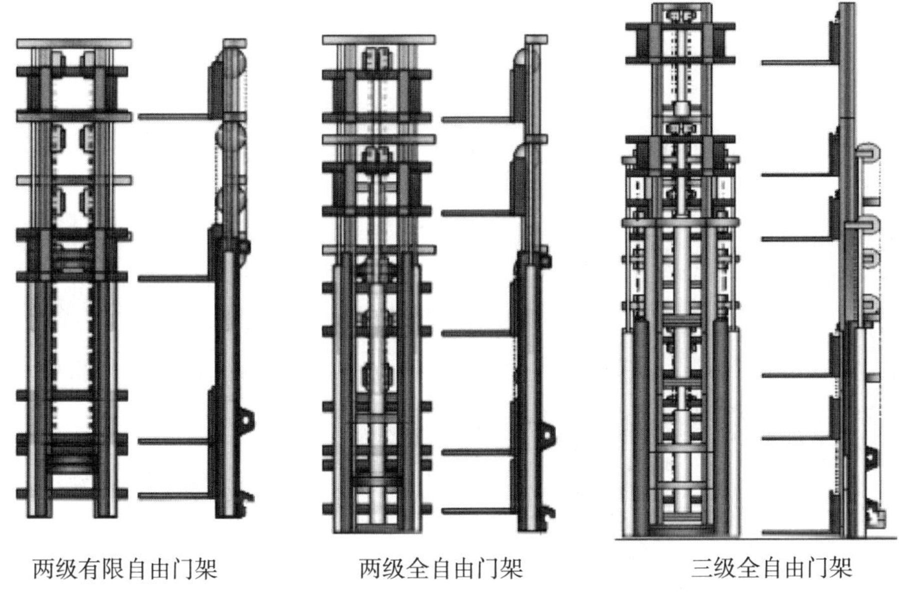

图 1–5 门架

门架由六个部分组成，包括一个固定门架、一个或多个移动门架、货叉架、油缸、链条和货叉。

门架安装在叉车的前部。与叉车连接有两个部分，一个是固定的（与叉车的前桥相连），另一个是可移动的（通过倾斜油缸）。门架的移动是通过小油缸的伸展来进行。大多数的叉车都有两个倾斜油缸，只有一些小型叉车上仅安装一个倾斜油缸（如图 1–6 所示）。

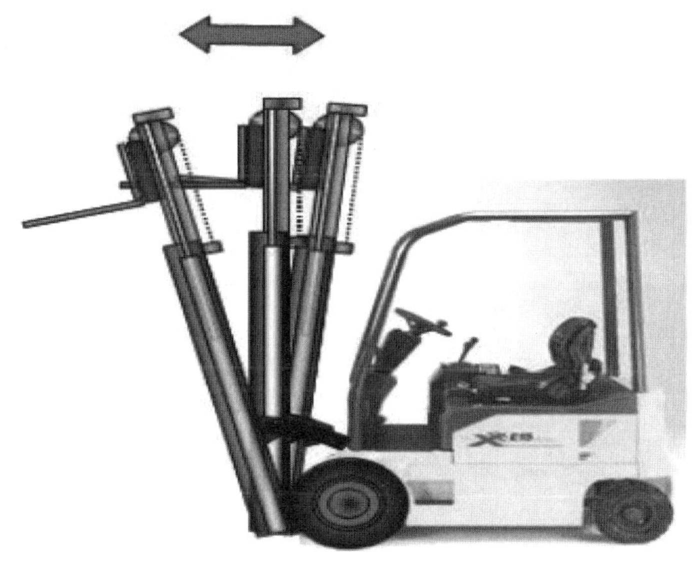

图 1–6 门架倾斜

此外，叉车的门架控制手柄是通过微动开关传递信号给控制电路，控制接触器的开通与关闭，实现门架的行驶、方向转变以及升降。

5. 方向盘

方向盘是叉车司机控制叉车行驶方向的装置（如图 1-7 所示）。

图 1-7　方向盘

6. 紧急制动开关

叉车的紧急制动开关一般在仪表盘右侧，如果驾驶员在行驶过程中突遇紧急情况可以启动此开关，使车在最短的距离内停住，避免事故的发生（如图 1-8 所示）。

图 1-8　紧急制动开关

7. 挡位、手制动、仪表盘、踏板等

(1) 叉车挡位、手制动、仪表盘

叉车挡位一般可分为方向挡和速度挡，即前进挡和后退挡、低速挡和高速挡。叉车行驶过程中，要根据具体情况及时换挡。同时要注意以下几条：换挡时两眼应注视前方，保持正确的驾驶姿势，不得向下看变速杆；变速杆移至空挡后应保持静止；齿轮发响和不能换挡时，不可硬推，应重新换挡；换挡时要掌握好转向盘。

叉车的制动装置是制约叉车行驶运行的结构，它可以降低叉车运行的速度直至完全停车，以及防止叉车在下坡时超过一定的速度和保证叉车在坡道上停放。叉车行驶的安全性在很大程度上取决于制动装置的可靠性。性能良好的制动装置可以保证叉车以较高的平均速度行驶，并且可同时提高叉车行驶过程的安全性。

叉车的制动装置由手制动和脚制动两个独立的部分组成。行驶过程中一般都采用脚制动，便于在前进的过程中减速停车。手制动是停车制动，停车制动一般采用机械驱动的结构，以保证达到长时间制动的目的，或者脚制动失灵时紧急使用。手制动用于停车后的制动，或者在行车制动失效时的应急制动。

叉车仪表盘反映了叉车运行过程中的一些注意信息。叉车挡位、手制动、仪表盘(如图1-9所示)。

图1-9 挡位、手制动、仪表盘

(2) 踏板

叉车踏板分为制动踏板和增速踏板两种。制动踏板就是限制动力的踏板，即脚刹（行车制动器）的踏板，制动踏板用于减速停车。制动踏板是叉车驾驶五大操纵件之一，使用频次非常高，驾驶人对其掌握程度将直接影响叉车驾驶的安全度。增速踏板是加速驾驶的装置，用于行驶过程中加速行进，踏板位置如图 1-10 所示。

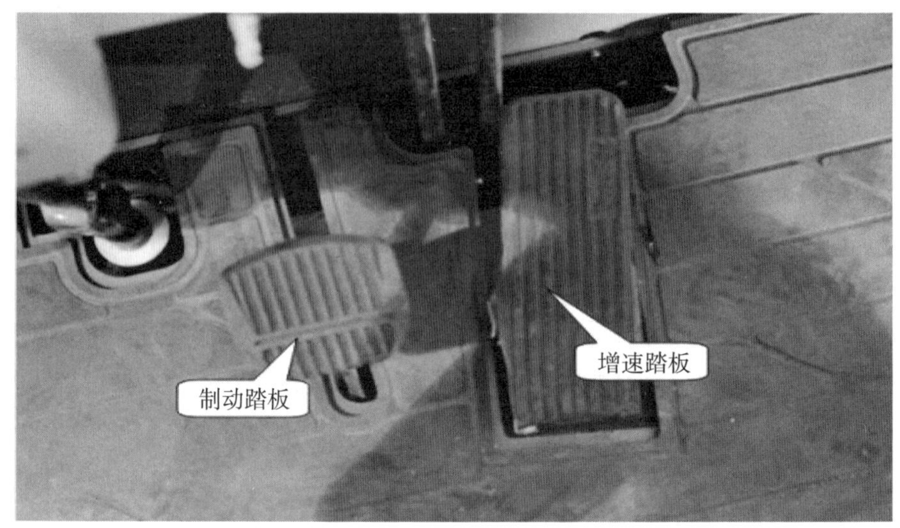

图 1-10　踏板

8. 护顶架

叉车护顶架主要是为了预防叉车进行高空堆垛作业时，发生意外事件对叉车操作者的伤害。护顶架是按照一定的高度设置的，通常从驾驶员座椅到护顶架的距离为 1000mm，但是 970mm 也是可以的。如图 1-11 所示（*h*6：护顶架高度）。

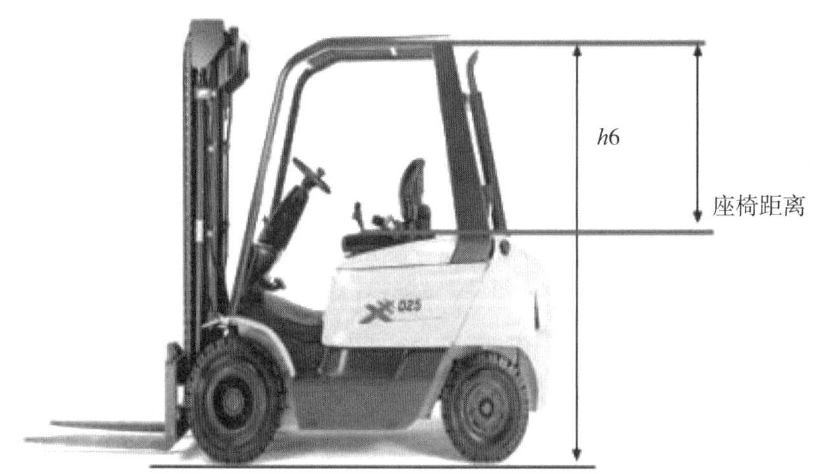

图 1-11　护顶架

任务实施

步骤一：对叉车进行参观

通过参观实际叉车（如图 1-12 所示），让同学们对叉车的基本部件进行识别，并完成表格 1-1 的填写：

图 1-12　叉车

表 1-1　叉车基本部件

序号	名称
①	
②	
③	
④	
⑤	

步骤二：认识货叉的种类及用途

因叉车作业任务对象的不同，对于货叉的需求也不尽相同，除了广泛使用的普通货叉外，还有折叠型货叉（如图 1-13 所示）、套筒型货叉（如图 1-14 所示）、货叉加长器、鼓筒型货叉、木质用货叉、方型货叉、仿形货叉等多种特殊货叉。

图 1-13　折叠型货叉

图 1-14　套筒型货叉

这些不同类型的货叉能满足如：仓储、造纸、包装、印刷、烟草、家电、酒和饮料、毛棉纺织、港口码头、铁路、汽车制造、钢铁冶炼、化工和建筑等众多不同行业对叉车的需求。

步骤三：了解叉车底盘的作用

叉车底盘的作用是支承和安装叉车发动机及其各部件总成，实现发动机的动力传递，确保叉车正常行驶。它由传动系统、行驶系统、转向系统、制动系统和附属设备组成。

步骤四：认识护顶架的作用（如图 1-15 所示）

图 1-15　叉车护顶架

叉车护顶架是叉车上重要的安全构件，其主要功能是预防叉车进行高空堆垛作业时，重物向起升门架后侧坠落，从而伤害叉车操作员的事故发生。

步骤五：了解制动踏板的操作规范

（1）制动踏板的操作方法：用右前脚掌踏制动踏板，利用膝关节的伸屈动作踏下或放松。

（2）踏下踏板的操作要领：

①需要降低车速时，应先轻后重，缓慢踏下；

②需要停车时，先轻后重，缓慢踏下，即将停止时放松踏板再缓慢踏下；

③需要紧急制动时，应迅速有力地将踏板踏到底。

（3）放松踏板的操作要领：放松踏板也应根据需要操作，可以一次性放松，也可以分次逐渐放松。

（4）注意事项：

①避免使用脚尖或脚心踏制动踏板；

②踏下制动踏板时应紧握方向盘（用脚要到位，制动把方向）。

技能训练

连线题：

名称	方向盘	增速踏板	货叉	护顶架
功能	保护司机免受重物下落造成伤害的安全保护装置	调整叉车行驶时左右方向的装置	提高或者降低发动机的动力，从而控制车速的装置	托起搬运对象的装置

任务评价

<table>
<tr><td colspan="2">班级</td><td colspan="4"></td></tr>
<tr><td colspan="2">姓名</td><td colspan="4"></td></tr>
<tr><td colspan="2">小组</td><td colspan="4"></td></tr>
<tr><td colspan="2">活动名称</td><td colspan="4"></td></tr>
<tr><td colspan="2">考核内容</td><td>评价标准</td><td>自评</td><td>教师评</td><td>互评</td></tr>
<tr><td rowspan="2">情感态度</td><td>1</td><td>与小组成员认真、积极讨论</td><td></td><td></td><td></td></tr>
<tr><td>2</td><td>积极配合其他小组成员，共同完成任务目标</td><td></td><td></td><td></td></tr>
<tr><td rowspan="3">活动参与情况</td><td>3</td><td>明确任务目标</td><td></td><td></td><td></td></tr>
<tr><td>4</td><td>认真听从老师与叉车操作员的指挥</td><td></td><td></td><td></td></tr>
<tr><td>5</td><td>在参观过程中，是否积极参与参观过程</td><td></td><td></td><td></td></tr>
<tr><td rowspan="3">认知掌握情况</td><td>6</td><td>能够独立进行任务资讯的预习</td><td></td><td></td><td></td></tr>
<tr><td>7</td><td>能够独立认识叉车的基本部件</td><td></td><td></td><td></td></tr>
<tr><td>8</td><td>能够独立认识叉车的基本部件的功能</td><td></td><td></td><td></td></tr>
<tr><td colspan="3">总得分</td><td colspan="3"></td></tr>
</table>

实训任务二　认知叉车的分类

任务目标

<table>
<tr><td>知识目标</td><td>1. 了解叉车的分类标准
2. 了解叉车的分类
3. 了解各种叉车的主要功能</td></tr>
<tr><td>技能目标</td><td>1. 能够根据叉车的分类标准对叉车进行分类
2. 能够根据任务需求选择合适的叉车</td></tr>
<tr><td>素养目标</td><td>1. 培养学生良好的语言表达能力
2. 培养学生认真负责的工作态度</td></tr>
</table>

任务描述

远大仓储中心刚刚成立，现需要采购一批叉车来完成货物的移动作业，小张作为这次叉车采购的主要负责人，在选择叉车时应根据其具体的使用情况，选用不同性能的叉车产品。具体来说，即应结合企业的作业需求，综合考虑车型、起重量、动力形式、传达方式、发动机、成本等几个方面，选择出最适合企业需求的叉车类型。那么，在具体选择叉车的时候，叉车采购员小张应从哪几个方面进行考虑呢？

任务准备

<table>
<tr><td colspan="2">活动组织形式</td><td>分组教学、操作模拟</td></tr>
<tr><td colspan="2">教学手段</td><td>小组讨论、多媒体教学、情景模拟</td></tr>
<tr><td colspan="2">主要涉及角色</td><td>实训老师、叉车采购员小张</td></tr>
<tr><td rowspan="2">活动环境</td><td>硬件环境</td><td>物流实训中心、计算机、纸、笔、叉车</td></tr>
<tr><td>软件环境</td><td>网络资源、教材、office 软件</td></tr>
</table>

任务资讯

叉车是仓库内最常使用的装卸搬运设备。叉车按照不同的分类标准。主要有以下几种分类方式：

1. 根据动力装置分类

（1）内燃式叉车

内燃叉车动力装置是内燃机，又可分为普通内燃叉车、重型叉车、集装箱叉车和侧面叉车。具有机动性好、功率大，独立性强和应用范围广的特点。一般情况下，重、大吨位的叉车采用内燃机为动力（如图 1-16 所示）。

图 1-16 内燃式叉车

（2）电动式叉车

电动式叉车又称电瓶叉车，以蓄电池为动力。它和内燃式叉车相比，具有结构简单、操作简单、动作灵活、无废气污染、噪声比较低、燃费低、维修费少等优点，但动力持久性差，需要专门的充电设备，行驶速度慢，对路面的要求较高，应用受到限制，相对于内燃式叉车来说主要适合室内作业（如图 1-17 所示）。

图 1-17　电瓶叉车

（3）双动力叉车

双动力叉车是同时具有内燃机和电动两种动力的叉车。

2. 根据叉车的构造特点分类

（1）平衡重式叉车

货叉装在车体前端，伸出前轮中心线外。为了平衡货物重量产生的倾覆力矩，在车体尾部装有平衡重，作业时依靠叉车前后移动进行叉卸货物。它是叉车中机动性最高的叉车，也是目前应用范围最广的叉车（如图 1-18 所示）。

（2）插腿式叉车

两条臂状的支腿伸向前方，支腿前端装有小直径的车轮，作业时货叉连同支腿一起插入货物底部，然后使货叉起升。由于货物重心位于车轮的支承面内，所以整车稳定性好，不必再设平衡重。它一般由蓄电池供电驱动。它的作业特点是起重重量小，车速低、结构简单、外形小巧，适于通道狭窄的仓库内作业（如图 1-19 所示）。

图 1-18 平衡重式叉车

图 1-19 插腿式叉车

（3）前移式叉车

前移式叉车有两条前伸的支腿，是插腿式叉车的变形，与插腿式叉车相比，前轮较大，腿较高，作业时支腿不能插入货物的底部，而门架可以带着整个起升机构沿着支腿内侧的轨道移动，这样货叉叉取货物后稍微升起一个高度，即可缩回，保证叉车运行时的稳定性。前移式叉车与插腿式叉车一样，都是货物的重心落到车辆的支撑平面内，因此整车稳定性好，适用于车间、仓库内的作业（如图 1-20 所示）。

图 1-20　前移式叉车

3. 根据操作时司机的工作姿态分类

设有司机座椅的为座式叉车，平衡重式叉车基本都是座式叉车（如图 1-21 所示）。前移式电瓶叉车有站式叉车和座式叉车。无动力装置和手动叉车基本都是站式叉车（如图 1-22 所示）和步行式叉车（如图 1-23 所示）。

图 1-21　座式叉车

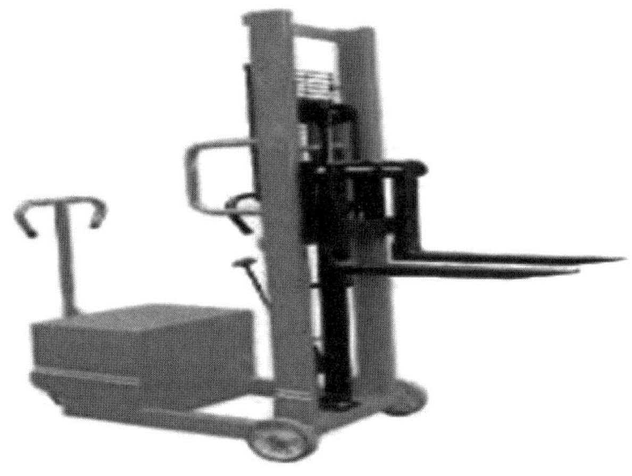

图 1-22 站式叉车

图 1-23 步行式叉车

任务实施

步骤一：叉车类型的选择

1. 根据叉车的特点选择

表 1-2 不同类型叉车的特点

叉车类型	特点
平衡重式叉车	对容器没有要求，底盘较高，具有很强的地面适应能力
插腿式叉车	起重小、车速低、结构简单、外形小巧，适用于窄通道作业
前移式叉车	操作灵活强，高荷载，体积与自重小

2. 根据作业区的日吞吐量、作业高度、搬运距离等选择

（1）根据作业区的日吞吐量，确定所选叉车的搬运能力和叉车的数量。

（2）根据作业区的作业高度选择叉车的货叉最大起升高度。在选择时必须保证货叉的最大起升高度高于作业区的作业高度。

3. 除此之外，影响叉车类型选择的因素还有托盘、地平、电梯和集装箱高度

步骤二：叉车性能的分析

表 1-3　叉车性能影响因素

性能	说明
效率高	高速度，同时能够保证在完成一个工作循环所需的时间短，而且能够在整个工作时间始终保持稳定
总成本低	总成本 = 采购成本 + 维护成本 + 人工成本
安全性高	必须能够全面保证驾驶员、货物以及叉车本身的安全
人机工程	通过降低驾驶员的疲劳程度和增加操作的舒适性等手段，最大限度提高生产效率
维修方便	叉车的所有部件更换方便，故障的确诊和排除快

步骤三：电动式叉车和内燃式叉车的使用成本比较

表 1-4　使用成本比较　　单位：元

叉车类型	能量成本	消耗量	小时成本	每日（8h）成本	年成本
柴油叉车	7 元/L	3.5L/h	24.5	196	71540
液化气叉车	6.6 元/kg	3.0kg/h	19.8	158	57816
电动叉车	0.8 元/度	4 度/h	3.2	26	9490

显而易见，使用电动叉车比其他任何动力的内燃叉车要便宜很多；但是，柴油叉车相对于电动叉车的优势在于它长距离运作过程中的速度优势。

步骤四：叉车选择的考虑因素汇总

表 1-5　叉车选择的考虑因素汇总

考虑因素	具体内容	选择结果 （在选项对应单元格标识）	备注
叉车类型	平衡重式叉车		首先要确定的就是 叉车类型与数量
	插腿式叉车		
	前移式叉车		

续 表

考虑因素	具体内容		选择结果 （在选项对应单元格标识）	备注
动力类型	电动			各个动力类型都有其优势和不足之处，应根据企业的作业需求合理选择
	内燃	柴油		
		液化气		
叉车性能	效率；总成本；安全性；人机工程；维修方便程度		……	五个性能指标综合考虑，得出最优结果

结合表格中的各个因素，小张最终会得出一个满足企业作业需求的叉车购买计划。

技能训练

1. 叉车按动力装置分类可以分为：____、____和____。
2. 叉车按照操作工的工作姿态分类基本可分为：____、____和____。

任务评价

班级					
姓名					
小组					
活动名称					
考核内容		评价标准	自评	教师评	互评
情感态度	1	与小组成员认真、积极讨论			
	2	积极配合其他小组成员，共同完成任务目标			
活动参与情况	3	明确任务目标			
	4	认真听从老师与叉车操作员的指挥			
	5	在参观过程中，是否积极参与参观过程			
认知掌握情况	6	能够独立进行任务资讯的预习			
	7	能够独立认识叉车的分类标准			
	8	能够独立认识叉车的种类			
总得分					

实训任务三　了解叉车参数

任务目标

知识目标	1. 了解叉车的参数内容 2. 理解叉车参数含义
技能目标	1. 能够对叉车参数进行解读 2. 能够根据叉车参数选择合适的叉车
素养目标	1. 培养学生良好的语言表达能力 2. 培养学生认真负责的工作态度

任务描述

小张确定好叉车采购计划后，想在网上购置所需叉车，现在他看到了一款叉车在类型上比较符合他的需求（如图 1-24 所示），因为无法看到实物，他必须通过查看该叉车的相关参数来了解叉车的实际情况。

图 1-24　叉车

下面，让我们和小张一起来研究这辆叉车的具体参数吧（如图 1-25 所示）。

机型	CPD25
车辆配置	XG525B-D1
动力类型	蓄电池
额定载荷（kg）	2500
载荷中心距（mm）	500
总长（mm）	3550
总宽（mm）	1150
总高（mm）	2045
最小转弯半径（mm）	2300
最大行驶速度（空载）（km/h）	12
门架起升高度（mm）	3000
整机自重（kg）	4350

图 1-25 叉车技术参数 1

任务准备

<table>
<tr><td colspan="2">活动组织形式</td><td>分组教学、操作模拟</td></tr>
<tr><td colspan="2">教学手段</td><td>小组讨论、多媒体教学、情景模拟</td></tr>
<tr><td colspan="2">主要涉及角色</td><td>带队老师、叉车采购员小张</td></tr>
<tr><td rowspan="2">活动环境</td><td>硬件环境</td><td>物流实训中心、计算机、纸、笔、叉车技术参数图</td></tr>
<tr><td>软件环境</td><td>网络资源、教材、office 软件</td></tr>
</table>

任务资讯

选购叉车需要看技术参数，因为它能反映叉车的性能和结构特征。叉车的技术参数很多，下面是对这些参数的详细讲述：

1. 额定起重量

指货叉上的货物重心位于规定的载荷中心距上时，叉车应能举升的最大重量单位，以 t（吨）表示。当货叉上的货物重心超出了规定的载荷中心距时，由于叉车纵向稳定性的限制，起重量应相应减小。目前，市场上使用的叉车大多是 5t 以内的叉车。

2. 载荷中心距

载荷中心距是指额定起重量货物的重心至货叉垂直段前表面的水平距离。国家规定：Q（代表载重量）＜1t 时为 400mm；1 ≤ Q ＜ 5 时为 500mm；5 ≤ Q ≤ 10 时为 600mm；12 ≤ Q ≤ 18 时为 900mm；20 ≤ Q ≤ 42 时为 1250mm。

3. 最大起升高度

指叉车位于水平坚实地面，门架垂直放置且承受有额定起重量货物时，货叉所能起升的最大高度——货叉上平面至地面的垂直距离。

4. 自由起升高度

指在门架高度不变的情况下，货叉最大的起升高度。

5. 最小转弯半径

指将叉车的转向轮转至极限位置，并以最低稳定速度做转弯运动时，其瞬时中心距车体最外侧的距离（如图 1-26 所示）。

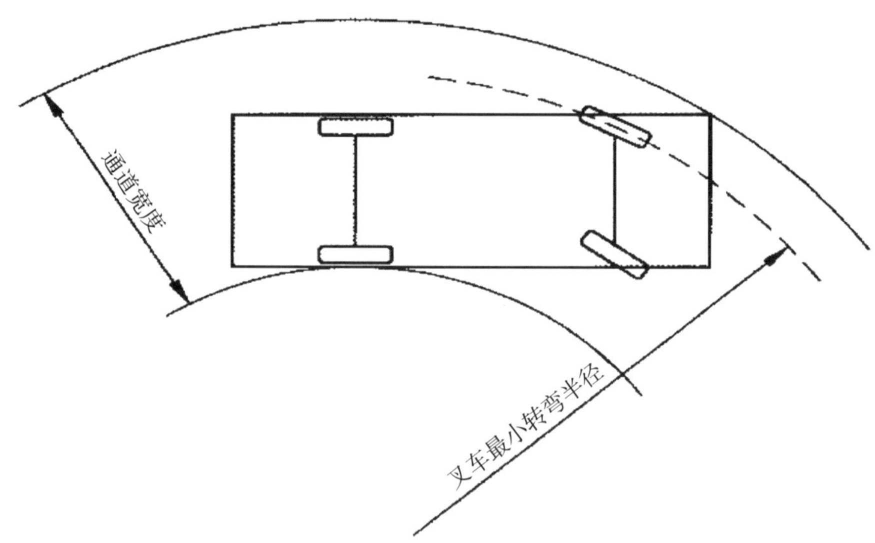

图 1-26　最小转弯半径

6. 门架倾角

指无载叉车门架能从其垂直位向前或向后倾斜摆动的最大角度。

7. 轴距

前桥中心到后桥中心的垂直距离。

8. 轮距

同轴心两轮中心的垂直距离。

9. 前悬距

前桥中心到货叉前端面的垂直距离。

10. 桥载

驱动桥和转向桥各自所承受的整车重量，它有满载桥负荷和空载桥负荷之分。

11. 最小离地间隙

指叉车在无载或满载情况下，除直接与车轮相连接的零件外，车体上最低点距地面的最小垂直间隙。

12. 最大行驶速度

指变速器在最高挡位时，叉车在平直干硬道路上行驶能达到的最高行驶速度。

13. 最大起升速度

指叉车在停止状态下，将发动机油门开到最大，起升货叉所能达到的平均起升速度。它分为：满载最大起升速度和空载最大起升速度。

14. 最大下降速度

指叉车在停止状态下，货叉在最大起升高度时下降到地面所需的平均下降速度。国家规定满载下降速度不得大于600mm/s。

15. 满载最大爬坡度

指货叉上载有额定载荷货物的叉车，以最低稳定速度所能爬上的长为规定值的最陡坡道的坡度值，用百分数表示。

16. 最小直角通道宽度

叉车在直角转弯时，所需要的最小安全通过距离（它是一个定值，为叉车空载时状态，由叉车生产厂家提供）。

17. 直角堆垛通道宽度

叉车载货堆垛时所需要的最小安全通过距离（它是一个大于最小直角通道宽度的浮动值，根据货物或托盘的变化而变化，它有一个固定计算公式 $AST = Wa + X + L6 + a$，Wa 代表最小转弯半径，X 代表叉车前悬，$L6$ 代表托盘或货物长度，a 代表安全间隙（一般为200mm）。

18. 最大制动距离

叉车的最大制动距离是指叉车在无载状态下，以最大速度行驶时的制动距离。国家标准规定，叉车的最大制动距离不得大于6m。

任务实施

在对叉车技术参数有了初步了解后，小张准备仔细解读一下所看中叉车的技术参数。

步骤一：取得叉车的技术参数图（如图1-25所示）

步骤二：叉车技术参数解读

通过解读这张表中的数据，可以得知：

（1）动力类型：蓄电池——从这个参数可以得知，小张看中的叉车按动力类型分类属于电动式叉车；

（2）额定载荷（kg）：2500——该数据说明这辆叉车在进行作业时所能承载货物的重量不得超过2500kg。若不按照提升重量表上的额定载荷量载货，可能导致翻车。所以在操作前，应先确认升重量表上的额定载荷量及荷载中心，当叉车安装有附件时，最大荷载量会降低（如图1-27所示）。

图1-27　禁止超载

（3）载荷中心距（mm）：500——通常情况下的叉车多为平衡式叉车，正如跷跷板一样，所以必须先找出载荷的重心。这个重心我们叫做载荷中心，即是托盘的一半长度。例如：托盘的尺寸是长度（D）1000mm × 宽度（W）1200mm，那么载荷中心就是500mm。

载荷中心直接影响载荷量，如果货物的载荷中心比标准载荷中心短时，则不会影响载荷量，但当货物的载荷中心比标准载荷中心长时，则载荷量降级。

（4）总长（3550mm）、总宽（1150mm）、总高（2045mm）、整机自重（4350，kg）四个数据是叉车的外形尺寸及叉车自身重量。

（5）最小转弯半径（mm）：2300——它表征了叉车通过狭窄弯曲地带或绕过不可越过的障碍物的能力。转弯半径越小，叉车的机动性能越好。

（6）最大行驶速度（空载）（km/h）：12——这个参数说明叉车在空驶时的速度不能超过12km/h，如果超过这个速度，不但会加剧机件的磨损和损坏，还会影响车辆的操作稳定性，甚至造成车祸的发生。

（7）门架起升高度（mm）：3000——这个数据说明叉车在作业时，货叉所能达到的高度为3000mm，也就是说，如果货物所处位置高于3000mm，这辆叉车将无法完成作业。

步骤三：答疑解惑

以小组为单位，收集各组员的问题，汇总并交给教师，由教师和叉车操作员对问题进行回答。

技能训练

通过这个叉车技术参数图（如图 1–28 所示），我们可以得知该叉车按照动力装置属于____类型的叉车，这个叉车作业时所能承载的货物的最大重量为____，作业时货叉可以升起到距离地面____米的高度。

型号		单位	CPC30S
动力形式			柴油 Diesel
额定载荷		kg	3000
载荷中心距		mm	500
起升高度		mm	3000
自由起升高度		mm	145
货叉尺寸		mm	1070*125*45
门架倾角		deg	6/12
前悬距		mm	484
外形尺寸	总长	mm	2710
	总宽	mm	1225
门架不起升高度		mm	2080
门架起升时高度		mm	4272
安全架高度		mm	2090
最小转弯半径		mm	2420
行驶速度(满载/空载)	液力叉车	km/h	18/19
	机械叉车 I 档	km/h	8.9/9
	机械叉车 II	km/h	18.5/20
起升速度(满载)		mm/sec	430
最大爬坡度		%	20
自重		kg	4180

图 1–28　叉车技术参数 2

任务评价

班级	
姓名	
小组	
活动名称	

续 表

考核内容		评价标准	自评	教师评	互评
情感态度	1	与小组成员认真、积极讨论			
	2	积极配合其他小组成员，共同完成任务目标			
活动参与情况	3	明确任务目标			
	4	认真听从老师与叉车操作员的指挥			
	5	在参观过程中，是否积极参与参观过程			
认知掌握情况	6	能够独立进行任务资讯的预习			
	7	能够独立认识叉车的参数			
	8	能够独立进行叉车参数的解读			
总得分					

项目二 叉车实训操作

实训任务一 叉车的基本操作

任务目标

知识目标	1. 了解叉车的基本组成 2. 了解叉车的注意事项 3. 掌握叉车的基本操作步骤
技能目标	能够独立进行叉车的基本操作
素养目标	1. 培养学生良好的沟通能力和团队合作精神 2. 培养学生认真负责的工作态度 3. 培养学生的安全意识

任务描述

2014 年 9 月 12 日，宏源企业进购了一批胶合板材料准备入库，该任务由仓管员小张来完成，那么他该如何使用叉车来完成这项任务？

任务准备

活动组织形式		小组讨论、小组合作、叉车实训老师带领
教学手段		小组讨论、多媒体教学、情景模拟、现场实训
主要涉及角色		叉车实训老师、仓管员小张
活动环境	硬件环境	物流实训中心、计算机、纸、笔、叉车、仓储设备、模拟物品等
	软件环境	网络资源、教材、office 软件

任务资讯

一、电瓶式叉车基本介绍

1. 电瓶式叉车的定义

电瓶式叉车是指以电瓶为动力的平衡重式叉车，具有操作简单，无废气污染，适合在室内作业的特点。随环保要求的提高，需求有较快的增长，尤其是对中、小吨位的电瓶叉车。电瓶叉车（如图 2-1 所示）。

图 2-1　电瓶叉车

2. 电瓶式叉车的结构组成

一般来说，电瓶叉车的基本构造由以下几部分组成：

（1）动力装置：蓄电池组。标准蓄电池电压为 24V、30V、48V、72V。

（2）车架：是叉车的机架，用钢板和型钢焊接而成。叉车几乎所有的零部件都安装在机架上。作业时承受各种载荷作用，因此它应具有足够的强度和刚度。

（3）传动装置：将电动机的动力传到叉车的驱动轮。

（4）转向系统：控制叉车的行驶方向。

（5）制动系统：使叉车行驶减速及停车。

（6）电机及电气系统：电气系统是通过各种元件对电机进行控制，以实现叉车的启动、停止、换向和调速，并对油泵电机或液压转向油泵电机进行控制。

（7）工作装置：是叉车进行装卸作业的直接工作机构。货物的叉取卸放、升降堆码，都由工作装置完成。

（8）液压系统：通过液压装置使货叉升降，门架前后倾，驱动液压传动的属具，以达到装卸货物和液压转向的目的。

3. 电瓶式叉车的特点

电瓶叉车多使用直流串激电动机，其机械特性能满足叉车所需要的低速大扭矩的工作要求。除此之外，电瓶叉车的其他优点有：操作简单，检修容易，运转时平稳无噪声，不排废气，不污染空气，运营费用较低，整车的使用年限较长。缺点是：需要充电室和充电设备，充电时间较长，对路面要求高，由于蓄电池容量的限制，电动机功率小，爬坡能力低，运行速度较内燃叉车慢，基本投资高，起重量较小。

4. 电瓶式叉车保养注意事项

(1) 电瓶充电时，必须将充电回路与斩波器完全脱离，因为除了影响充电机充电外，充电机产生的过电压也会损害斩波器；

(2) 要特别注意电瓶到电控的走线应平行布置而且要尽量短。

二、内燃式叉车的基本介绍

1. 内燃式叉车的定义

内燃叉车是指使用柴油，汽油或者液化石油气为燃料，由发动机提供动力的叉车。载重量为0.5～45t。一般分为三大类：

(1) 平衡重式内燃叉车

一般采用柴油、汽油、液化石油气燃料，载荷能力0.5～45t，10t以上多为柴油叉车。

(2) 集装箱叉车（正面吊）

采用柴油发动机作为动力，用来装卸集装箱的一种吊车。承载能力45t。

(3) 侧面叉车

采用柴油发动机作为动力，承载能力3～6t。货叉安装在叉车侧面，具有直接从侧面叉取货物的能力，因此主要用来叉取长条形的货物，如木条、钢筋等。

2. 内燃式叉车的结构组成（如图2－2、图2－3所示）

图2－2　内燃式叉车

图 2-3　内燃式叉车基本结构

在车体前方具有货叉和门架，且在车体尾部设有平衡重的装卸作业车辆，称平衡重式叉车，简称叉车。以内燃机为动力的平衡重式叉车，简称内燃叉车。其特点是机动性好、功率大，是应用最广泛的重、大吨位叉车。

三、叉车的基本操作

1. 叉车的启动

启动前，应检查冷却液高度、机油和燃油量、蓄电池电解液液面高度、灯光、仪表、轮胎气压等。叉车驾驶员按照启动前应检查的程序、内容、要求，进行认真的检查后，方可起动。

操作方法：

（1）拉紧驻车制动，变速杆置空挡位置；

（2）拉开点火开关，接通点火线路；

（3）左脚踏下离合器踏板，右脚稍踏下加速踏板，汽油机要拉出阻风门拉钮（热机时不必拉出），转动点火开关钥匙置启动位置即可启动（柴油机要旋转起动按钮或旋钮）；

（4）发动机起动后，待发动机运转稳定后（汽油机要将阻风口慢慢推入），松开离合器踏板，保持低速运转，逐渐升高发动机温度。

2. 叉车的起步

叉车完成启动后，发动机运转正常，无漏油漏水现象，方可起步。叉车起步要领如下：

（1）左脚迅速踩下离合器踏板，右手将变速杆挂入 1 挡；

（2）注视倒车镜，开左转向灯，按喇叭（禁鸣地区除外）；

（3）右手松开驻车制动（手制动）；

（4）左脚抬离合器踏板至“半联动”（车身发抖、发动机声音变小）位置时“停住”，同时右脚慢跟油门约 1/3 位置；

（5）当叉车平稳走行之后，再慢慢抬离合器踏板到顶，并且把左脚放在离合器踏板左下方，起步操作完成。

3. 叉车的停止

叉车停车要领如下：

（1）松开加速踏板，打开右转向灯，向停车地点停靠；

（2）踏下制动踏板，当车速较慢时踏下离合器，使叉车平稳停下；

（3）拉紧驻车制动杆，将变速杆和换向杆移到空挡；

（4）松开离合器踏板和制动踏板，关闭转向灯和点火开关，将熄火按钮拉出后再关上。

4. 叉车的倒车

叉车倒车要领如下：

（1）叉车后倒时，应先查看车后情况，并选好倒车目标；

（2）挂上倒挡起步后，要控制好车速，注意周围情况，并随时修正方向；

（3）倒车时，可以注视后方倒车、注视侧边倒车、注视后视镜倒车。

5. 叉车转弯

叉车转弯要领如下：

（1）叉车行驶至转弯处，因视线不良，应做到“减速、鸣号、靠右行”；

（2）转弯时车速一定要慢，转动转向盘不要过急，以免离心力过大造成汽车侧滑；

（3）叉车转弯时，应尽量避免使用制动，尤其是紧急制动；以防侧滑和意外事故的发生；

（4）转弯时，操纵转向盘要与道路弯度相适应，与行车速度相配合，做到：转向角度适当，转向时机适时，回方向及时。禁止双手脱离转向盘，以防方向跑偏而发生危险。

注意：减速、鸣号、靠右行。这是每个驾驶员所熟悉的行车规则。但是，要真正做好，则需要有一定的驾驶经验，较熟练的操作和较高的安全意识。

减速：转弯路段视线不良，特别在窄路和傍崖险路时，速度一定要放慢到快停下的程度。

鸣号：适用于在看不见弯道前方的情况。通过鸣号可提醒对面行车和行人注意避让，避免事故发生。

靠右行：叉车在行驶过程中要求驾驶员无论转大弯或转小弯都不许占线。例如转大弯时进中间道，转小弯时则进里道。同时要注意观察两边反光镜。在打弯时通常只用左手打到三、四、五点位置，由此推断方向盘的偏移量。回的时候要分成二次回完，车正回正。驾驶员应照顾到转小弯的车辆转弯时内外轮迹相差较大，所占路面较宽的情况，因此自己应尽量靠边行驶，以使转小弯车辆能顺利通过。

6. 叉车掉头

叉车在行驶或作业时，有时需要掉头改变行驶方向，掉头应选择在路面较宽、较平的地方。其操作要领如下：

（1）作业前叉车要尽量靠公路右侧边缘停车；

（2）叉车行进过程一定要慢，要平稳，把握好刹车和油门；

（3）操作方向盘的时候一定做到快打、快回，干脆利索；

（4）掉头过程中，由于各个车轮与边线距离不相等，所以我们在判断的时候，应该以接近边缘线的车轮为主；

（5）每次前进或者倒退接近停车前回转转向盘时，一定尽量的多回，使得每次完成的转向角度更大一些。

7. 移动叉车

操作要领：

（1）踩下刹车，将挡位调至空挡；

（2）左侧升降杆向后扳动，使货叉上升至距地面 20～30cm 处；

（3）右侧升降杆向后扳动，使货叉后仰；

（4）松开手刹；

（5）扳动叉车移动挡位，置于前进（或倒车）挡，松开刹车，将叉车驶出存放区；

（6）操作叉车，将设备从存放区移至目标托盘货物旁，踩下刹车。

注意：在行进过程中，不得起降叉，一是防止货物滑落，二是防止托盘与地面相摩擦，损坏托盘。

8. 叉车叉取货物的具体操作步骤（如表 2-1 所示）

表 2-1　　叉车叉取货物的操作步骤

操作顺序	操作步骤	操作方法
1	驶近货垛	叉车起步后，操作叉车行至货垛前面，进入工作位置
2	垂直门架	操作门架倾斜操作杆，使门架处于垂直（或货叉水平）位置
3	调整叉高	操作货叉升降操作杆，调整货叉高度，使货叉与货物地步空隙同高

续 表

操作顺序	操作步骤	操作方法
4	进叉取货	操作叉车缓缓向前，使货叉完全进入货物底下
5	微提货叉	操作货叉升降操作杆，使货物向上起升而货物离开货垛
6	后倾门架	操作门架倾斜操作杆，使门架向后倾斜，防止叉车在行驶中货物散落
7	退出货位	操作叉车倒车而离开货位
8	调整叉高	操作货叉升降操作杆，调整货叉高度。使其距地面一定高度，电动叉车为 100 ~ 200cm，内燃叉车为 200 ~ 300cm，最后操作叉车驶向新的货垛

9. 叉车卸下货物的具体操作步骤（如表 2–2 所示）

表 2–2　　叉车卸下货物程序

操作顺序	操作步骤	操作方法
1	驶近货位	叉车叉取货物后行驶到卸货位置，准备卸货
2	调整叉高	操作货叉升降操作杆，使货叉起升（或下降），而超过货垛（或货位）的高度
3	进车对位	操作叉车继续向前，使货物位于货垛上方，并与之对正
4	垂直门架	操作门架倾斜操作杆，使门架处于垂直（或货叉水平）位置
5	落叉卸货	操作货叉升降操作杆，使货叉慢慢下降，将所叉货物放于堆垛（或货位）上，并使货叉离开货物底部
6	退车抽叉	叉车起步后退，慢慢离开货垛
7	后倾门架	操纵门架向后倾斜
8	调整叉高	操作货叉起升或下降至正常高度，驶离货堆

四、驾驶操作注意事项

（1）开始操作前需戴安全帽，穿安全操作服；

（2）首次试车时要将车轮抬起，这样即使有连接错误，也不会产生危险；

（3）叉车挡位于移动挡位时（前进或倒车挡），松开刹车即可移动，轻踩油门加速；

（4）叉车移动时，需先挂挡位，后松开刹车；

（5）启动时保持适当的启动速度，不应过猛；

（6）注意观察电压表的电压，若低于限制电压时，叉车应立即停止运行；

（7）叉车在行走过程中，不允许扳动方向开关而改变行驶方向，以防烧坏电器元件和损坏齿轮；

（8）车辆在工况恶劣、通风困难的场所作业时，建议对控制器实行强制通风；

（9）注意驱动系统，转向系统的声音是否正常，发现异常声音要及时排除故障，严禁叉车带“病”工作；

（10）转弯时要提前减速；

（11）在路况较差情况下作业时，其载物重量要适当减轻，并降低行驶速度；

（12）起重前必须了解货物的重量，货重不得超过叉车的额定起重量；

（13）起重包装货物时应注意货物包扎是否牢固；

（14）根据货物大小尺寸，调整货叉间距，使货物均匀分布在两叉之间，避免偏载；

（15）货物插入货堆时门架应前倾，货物装入货叉后，门架应后倾，使货物紧靠叉壁，并尽可能将货物降低，然后方可行驶；

（16）在操作货叉升降杆时，需始终脚踩刹车；

（17）在准备操作货叉升降杆前，脚踩刹车后，需将挡位调至空挡；

（18）升降货物时一般应在垂直位置进行；

（19）在进行人工装卸时，必须使用手制动，使货叉稳定；

（20）行走与提升不允许同时操作；

（21）在大坡度路面运载货物时，注意货物在货叉上的牢固程度；

（22）叉车行进时，应保持货叉抬起，并使其距地面 20 ~ 30cm，不可过低或过高；

（23）货叉叉取货物后，应始终保持货叉后仰状态，避免托盘货物滑落；

（24）人员离开叉车时，需启动手刹制动装置。

任务实施

小张使用叉车完成胶合板搬运的操作步骤如下：

步骤一：叉车起步，驶向待搬运货物

（1）检查车辆（查看车辆是否正常）；

（2）启动车辆（观察车辆周围环境）；

（3）车辆起步，驶向货垛（起步要求：迅速、平稳，无冲动、振抖、熄火现象，操作动作准确）如图 2-4 ~ 图 2-6 所示。

图 2-4　检查车辆

图 2-5　将钥匙插入钥匙门，启动叉车

图 2-6　移至货物处

步骤二：进叉取货

（1）调整货叉宽度与高度以适合托盘宽度（避免碰撞货垛）；

（2）进叉取货（禁止刮碰货物）；

（3）门架后倾（防止货物掉落）。

步骤三：退叉卸货（如图 2-7 所示）

图 2-7　退叉卸货

（1）驶至货位，调整门架（垂直门架）；

（2）退车抽叉，后倾门架（倒车时应特别注意轮胎，防止轮胎刮碰障碍物）。

步骤四：叉车归位

平时工作一定要养成良好的习惯，每次叉车使用完后，一定要将叉车放归回原位。

停车要求：减速靠右车身正，适当制动把车停，拉紧制动放空挡，踏板松开再关灯（熄火）。

通过这几步的操作，就可以完成胶合板的搬运。

技能训练

让学生进行进叉取货和退叉卸货的具体操作实践。

任务评价

班级					
姓名					
小组					
活动名称					
考核内容		评价标准	自评	教师评	互评
情感态度	1	与小组成员认真、积极讨论			
	2	积极配合其他小组成员，共同完成任务目标			
活动参与情况	3	明确任务目标			
	4	认真听从叉车实训老师的指挥			
	5	是否积极参与小组活动			
认知掌握情况	6	能够独立进行任务资讯的预习			
	7	能够了解叉车的基本组成			
	8	能够了解叉车的注意事项			
技能掌握情况	9	能够独立进行叉车的基本操作			
	10	能够独立利用叉车进行作业			
总得分					

实训任务二　叉车的上下架操作

任务目标

知识目标	1. 了解叉车进行上下架操作时的操作注意事项 2. 掌握利用叉车进行货物上架操作的要领 3. 掌握利用叉车进行货物下架操作的要领
技能目标	1. 能够独立利用叉车进行货物的上架操作 2. 能够独立利用叉车进行货物的下架操作
素养目标	1. 培养学生良好的沟通能力和团队合作精神 2. 培养学生认真负责的工作态度 3. 培养学生的安全意识

任务描述

2014 年 7 月 10 日，万盛物流的仓储部客服人员张红以 E－mail 方式收到客户欧乐科技的入库通知，入库通知单如表 2-3 所示。

表 2-3　　**入库通知单**

仓库名称：成都万盛物流公司　　2014 年 7 月 10 日

批次		14002					
采购订单号		201407100005					
客户指令号		20140710005		订单来源	E－mail		
客户名称		四川欧乐科技有限公司		质　　量	正品		
入库方式		送货		入库类型	正常		
序号	货品编号	名称	单位	包装规格（mm × mm × mm）	申请数量	实收数量	备注
1	984501495	电机	箱	600 × 400 × 220	20		
合　　计					20		

制单人：李蜜　　送货员：李长青　　仓管员：

这批货物准备放在 B 仓库的 1 排 12 号货架，在上架之前，需要将之前存放在该区的货物进行下架处理。这个任务具体应如何操作呢？

任务准备

<table>
<tr><td colspan="2">活动组织形式</td><td>分组教学、操作模拟、现场实践</td></tr>
<tr><td colspan="2">教学手段</td><td>小组讨论、多媒体教学、情景模拟、现场实训</td></tr>
<tr><td colspan="2">主要涉及角色</td><td>叉车实训老师、叉车操作员、客服人员、入库人员</td></tr>
<tr><td rowspan="2">活动环境</td><td>硬件环境</td><td>物流实训中心、计算机、纸、笔、入库通知单、叉车、托盘、货架等</td></tr>
<tr><td>软件环境</td><td>网络资源、教材、office 软件</td></tr>
</table>

任务资讯

一、货物上下架操作介绍

1. 目的

（1）为确保库房工作安全、高效、快速地开展，以提高工作质量和效率，不断满足客户的需求；

（2）合理利用货架和叉车，使货物安全、准确入库入位；

（3）使仓库整洁、协调、通道顺畅。

2. 适用范围

适用于仓库入库上架、出库下架、库区货位移动；适用人员包括仓库管理人员、库工、叉车工。

3. 上下架工具

电动叉车/平衡动力叉车、堆高机、拖车等。

4. 货物上下架标准

（1）上下架货物分类。

重货：每立方米重量在 600kg 以上的货物；

一般货物：每立方米重量在 333 ~ 600kg 的货物；

轻泡货物：每立方米重量不足 333kg 的货物。

（2）货物上架摆放分类。

下层：摆放重货，货物重量不得超过货架实际载重量；

中层：摆放一般货物，货物重量不得超过货架实际载重量；

上层：摆放轻泡货物，货物重量不得超过货架实际载重量。

（3）货物上架摆放规则：按照尺码纵向摆放。

①摆放商品时同一款式的商品必须摆在同一列，一列不够摆的才能摆在下一列。要将商品标识朝外，以便员工查找；

②存货应确保“同类商品纵向摆放”，保持每列内外商品一致。单一款号商品存货量不够摆满另一列时，则应放在最里面，所余位置可摆放其他商品，但必须保证最外层有该商品以作提示；

③向双面取货的货架上摆放商品存货时，可视同为二个单面货架摆放存货，从两面向中间摆货，这样可以摆更多的品种；

④仓库货架的每一层板/垫板摆放必须整齐成一条线，存货位上存放商品的外侧面必须规范整齐，成一平面，不得超出层板的边线；

⑤仓库货架调整需要在安检人员监督下进行，以保证货架安全；

⑥玻璃包装、罐装、瓶装等易碎物品摆放在货架下层。

5. 拖车、叉车、堆高机操作规则

（1）司机必须是专业司机或经过上岗培训合格后才能操作车辆；

（2）按照库房规定路线行驶，避免交通堵塞，保证物畅其流；

（3）拖车、叉车、堆高机协同完成上下架操作时，必须有序进行。操作过程中小心驾驶，避免撞到货架货物；避让柱子、行人和车辆。

二、上架操作

（1）松开刹车，调整叉车位置，使货叉对准目标货位（如图 2-8 所示）；

图 2-8　货叉对准目标货位

（2）踩下刹车，将挡位调至空挡；

（3）向后扳动左侧升降杆，抬起货物托盘，使货叉上升至目标货位相应高度（如图 2-9 所示）；

图 2-9　货叉上升至目标货位

（4）扳动移动挡位至前进挡，松开刹车，叉车前进，使货叉驶入目标货位（如图 2-10 所示）；

图 2-10　货叉驶入目标货位

（5）调整叉车位置，使货物托盘置于目标货位上方；

（6）向前扳动左侧升降杆，使货叉下降（如图 2-11 所示）；

图 2-11　扳动升降杆，货叉后倾

（7）向前扳动右侧升降杆，使货叉前倾至水平位置；

（8）调整货叉高度及倾斜位置，使货物托盘放置于目标货位上（如图 2-12 所示）；

图 2-12　托盘货物放置于目标货位上

（9）扳动移动挡位至倒车挡，松开刹车，叉车后退，将货叉退出托盘槽；

（10）踩下刹车，将挡位调至空挡；向后扳动右侧升降杆，使货叉后仰；向前扳动左侧升降杆，货叉下降至距地 20～30cm 时停止（如图 2-13 所示）。

图 2-13 上架操作结束

小提示：(1) 在叉取和退出过程中货叉与托盘不得相剐蹭，否则会使得货叉或者托盘有一定程度的损耗，不利于设备的保养。

(2) 上下架中停、驶、起升按规定踩下及松开刹车，若忘记刹车，则会使得叉车在叉取货物时，将继续前进。

(3) 叉车的停放须正确，即停放叉车时须踩下脚刹并将货叉落下，否则货叉落下时，叉车可能前进，致使货叉落下的同时，不能准确停放。

三、下架操作

(1) 叉车移至架位旁，准备下架操作（如图 2-14 所示）；

图 2-14 叉车移至架位旁

（2）松开刹车，调整叉车位置，使货叉对准目标储位，踩下刹车，将挡位调至空挡，准备下架操作（如图 2-15 所示）；

图 2-15　准备下架操作

（3）向后扳动左侧升降杆，使货叉上升至目标货位托盘高度；

（4）调整货叉位置，使货叉对准托盘槽，向前扳动右侧升降杆，使货叉前倾至水平位置（如图 2-16 所示）；

图 2-16　货叉对准托盘槽，前倾至水平位置

（5）扳动移动挡位至前进挡，松开刹车，叉车前进，货叉插入托盘槽（如图 2-17

所示)；

图 2-17 货叉插入托盘槽

小提示：注意货叉不得与托盘槽相剐蹭，否则会使得货叉或托盘有一定的损耗。

(6) 踩下刹车，将挡位调至空挡；

(7) 向后扳动左侧升降杆，货叉上升，抬起货物托盘（如图 2-18 所示)；

图 2-18 货物托盘抬起

（8）向后扳动右侧升降杆，使货叉后仰，以防止托盘货物滑落；

（9）扳动移动挡位至倒车挡，松开刹车，叉车后退，将货物托盘移出托盘货架，踩刹车（如图 2-19 所示）；

图 2-19　托盘货物移出托盘架

（10）向前扳动左侧升降杆，货物托盘下降至距地 20～30cm 时停止（如图 2-20 所示）。

图 2-20　货物托盘下降

四、上下架操作注意事项

（1）在上架前，须锁好脚刹，提升货叉至适当高度；

（2）在提升货叉的过程中，托盘货物不得与临近设施、设备相碰撞；

（3）松开脚刹，将货物推至托盘货架相应货位上方前；

（4）将货物推至托盘货架相应货位上方时，托盘、货叉和货物不得与货架及相邻设施、设备相碰撞；

（5）锁好脚刹，将托盘货物入货位，托盘边缘须与货架保持适当距离；

（6）松开脚刹，将货叉从托盘中抽出，货叉不得与托盘相剐蹭；

（7）锁好脚刹，降落货叉，货叉不得与堆高车底部、货架及相邻设施、设备相碰撞；

（8）松开刹车，调整叉车位置，使货叉对准目标储位；

（9）松开刹车，叉车前进，货叉插入托盘槽，不得与周围设施相摩擦；

（10）下架结束时，货物托盘下降至距地 20～30cm 时停止。

任务实施

货物上架操作流程如表 2-4 所示：

步骤一：任务分组

将学生分为 4～5 人的小组，每个小组选取一名组长、一名代表实施电瓶叉车的上下架操作、一名代表与老师一起组成评分小组，其他小组成员负责记录。

步骤二：根据入库单指示的架位利用叉车进行货物的下架操作

（1）松开刹车，调整叉车位置，使货叉对准目标储位；

（2）松开刹车，叉车前进，货叉插入托盘槽，不得与周围设施相摩擦；

（3）下架结束时，货物托盘下降至距地 20～30cm 时停止；

（4）运至目标存放位置，退叉卸货（如图 2-21 所示）。

步骤三：根据入库单指示利用叉车进行货物的上架操作

（1）在上架前，须锁好脚刹，提升货叉至适当高度；

（2）松开脚刹，将货物推至托盘货架相应货位上方前；

（3）锁好脚刹，将托盘货物入货位，托盘边缘须与货架保持适当距离；

（4）松开脚刹，将货叉从托盘中抽出；

（5）锁好脚刹，降落货叉，完成货物上架操作；

（6）叉车归位（如图 2-22 所示）。

表 2-4　　货物上架操作流程

操作岗位	上架流程	操作
信息员	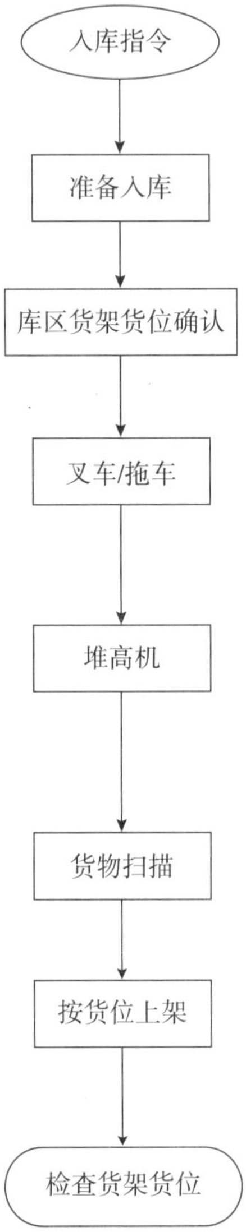 入库指令	准确的货物上架信息
入库管理员	准备入库	安排入库人员、车辆等
库区管理员	库区货架货位确认	通过手持终端确认货物所在区和货架位置
叉车、拖车司机	叉车/拖车	叉车和拖车按规定通道安全行驶，右侧通行，车速控制在安全车速内；拖车叉车配合工作时要有序进行，避免事故
堆高车司机	堆高机	按规定货位上架，保证货架货物准确安全。货物从上至下按照轻货、一般货物、重货的顺序摆放
库工/司机	货物扫描 按货位上架	库工与堆高车司机配合扫描货物上架入位，按照货架摆放规则摆放，保证货物上架入位准确、安全、摆放整齐、标签明显
库区管理员	检查货架货位	库管人员检查货物上架情况，保证货物准确安全

图 2-21 货物下架

图 2-22 货物上架

步骤四：核实货物的上下架作业

按照货物入库订单核查货物信息。

技能训练

请学生们回顾利用叉车上下架货物的流程及各个环节操作的注意事项。

任务评价

<table>
<tr><td colspan="2">班级</td><td colspan="4"></td></tr>
<tr><td colspan="2">姓名</td><td colspan="4"></td></tr>
<tr><td colspan="2">小组</td><td colspan="4"></td></tr>
<tr><td colspan="2">活动名称</td><td colspan="4"></td></tr>
<tr><td colspan="2">考核内容</td><td>评价标准</td><td>自评</td><td>教师评</td><td>互评</td></tr>
<tr><td rowspan="2">情感态度</td><td>1</td><td>与小组成员认真、积极讨论</td><td></td><td></td><td></td></tr>
<tr><td>2</td><td>积极配合其他小组成员，共同完成任务目标</td><td></td><td></td><td></td></tr>
<tr><td rowspan="3">活动参与情况</td><td>3</td><td>明确任务目标</td><td></td><td></td><td></td></tr>
<tr><td>4</td><td>认真听从叉车实训老师的指挥</td><td></td><td></td><td></td></tr>
<tr><td>5</td><td>是否积极参与小组活动</td><td></td><td></td><td></td></tr>
<tr><td rowspan="2">认知掌握情况</td><td>6</td><td>能够独立进行任务资讯的预习</td><td></td><td></td><td></td></tr>
<tr><td>7</td><td>能够了解电瓶叉车上下架操作时的注意事项</td><td></td><td></td><td></td></tr>
<tr><td rowspan="2">技能掌握情况</td><td>8</td><td>能够掌握叉车的上架操作</td><td></td><td></td><td></td></tr>
<tr><td>9</td><td>能够掌握叉车的下架操作</td><td></td><td></td><td></td></tr>
<tr><td colspan="3">总得分</td><td colspan="3"></td></tr>
</table>

实训任务三　绕桩操作

任务目标

<table>
<tr><td>知识目标</td><td>1. 了解绕桩操作的注意事项
2. 掌握绕桩操作的步骤</td></tr>
<tr><td>技能目标</td><td>能够独立进行绕桩操作</td></tr>
<tr><td>素养目标</td><td>1. 培养学生良好的沟通能力和团队合作精神
2. 培养学生认真负责的工作态度
3. 培养学生的安全意识</td></tr>
</table>

任务描述

叉车实训老师对学生进行分组，每组选取一个学生进行绕桩操作，同组其余同学填写任务单。每组选取一个人与老师一起组成评分小组，对每组代表的绕桩操作进行评分。学生做好记录，有问题及时提问，教师和叉车实训老师解答，根据每小组问题的解答，最终形成“绕桩操作认知心得体会”。

任务准备

活动组织形式		分组教学、现场实践
教学手段		小组讨论、多媒体教学、现场实训
主要涉及角色		叉车实训老师、学生
活动环境	硬件环境	物流实训中心、计算机、纸、笔、叉车、任务单
	软件环境	网络资源、教材、office 软件

任务资讯

一、绕桩操作介绍

所谓绕桩操作就是叉车驾驶员按照规定的路线，在“8”字路线或是“工”字路线带货穿行，而货叉不能碰到桩。带货绕桩看似简单，其实不易，这要求驾驶员不仅要有良好的驾驶技术，还必须掌握货叉平衡的技巧。

二、绕桩操作

叉车绕桩操作不仅可以反映出操作员操作叉车的熟练度，还可以很好地训练操作员的叉车驾驶技巧。只要熟练掌握了叉车绕桩操作的注意事项和操作步骤，相信操作过程中发生撞杆、倒杆的概率将会减少或消失。具体绕桩步骤如下：

步骤一：在操场的一侧用黄漆画一条15m长的直线；在操场的中间用黄漆画一个车库桩位（代表叉车车库），在距离车库桩位5m远处画一条长10m的“8”字路线；在操场的另一侧用黄漆画一个上横为10m、中间一竖为7m、下横为10m的“工”字路线叉货桩位。

步骤二：叉车按照直线行走，在3min的时间里一次性完成15m的行驶路程（如图2-23所示）。

步骤三：叉车在操场中间用黄漆画的车桩位，从车库桩位处出发，在5min内完成

图 2-23　开始带货绕桩操作

“8”字进退，然后回到车库桩位处。

步骤四：在操场另一侧用黄漆画的“工”字路线叉货桩位处，在 5min 内完成叉货、搬货绕桩两个动作。

绕桩的技巧如下：

（1）距最近的桶桩 30m 开始发车起步，左右不论，我们假设从左方开始；

（2）转速 3000rpm 左右换上 2 挡，加速到 50km/h 左右，绕桩过程中不必再换挡；

（3）右侧车身尽量贴近桶桩，在桶桩位置处于右后门位置时，开始向右转向；

（4）到第二个桶桩位于你的左侧车头位置时，回正方向（如图 2-24 所示）；

图 2-24　带货绕桩

（5）在正常坐姿下，第二个桶桩位于左后视镜位置时，开始往左转向，左侧车身贴近桶桩通过；

（6）到第三个桶桩位于车头中心位置时，开始回正方向；

（7）当第三个桶桩位于车头右方时，开始右转向。

在转向的过程中，最主要是车辆重心转移的问题。加速的时候，重心会后移，所以车辆会有抬头现象；减速的时候，重心又前移，造成点头；左转，重心右移，所以右面会下沉造成侧倾；右转则相反。所以绕桩的时候，当从左边向右开始转向过桩时，重心左前移，左边会下沉，车头更明显；方向回正时，重心开始往车辆中心回位，车身侧倾也开始得到修正；从右向左开始转向过桩时，重心又迅速右移，右侧车身被压低……

三、绕桩操作的注意事项

（1）在行进过程中叉车要按规定路线行驶，不得压线；

（3）在行进过程中叉车不得与杆相碰撞；

（3）货叉叉取货物后，行进过程中应始终保持货叉处于后仰状态，避免托盘货物滑落；

（4）叉车行进时，应保持货叉抬起，并使其距地面 20～30cm，不可过低或过高；

（5）行进过程中托盘货物要保持重心平稳，不得倾斜；

（6）托盘不得与地面相摩擦；

（7）托盘货物不得与临近设施、设备相碰撞；

（8）在行进过程中操作员不得操作起降叉；

（9）行进过程中货物不得出现跌落。

任务实施

步骤一：绕桩操作实训任务分组

将学生分为 4～5 人的小组，进行绕桩操作实训。

步骤二：填写任务单

在进行绕桩架操作前，小组成员共同完成表 2-5 的内容。

表 2-5　　绕桩操作任务单

<table>
<tr><td colspan="2">专业：
班级：
姓名：</td><td>任务单</td></tr>
<tr><td>任务五</td><td colspan="2">绕桩操作</td></tr>
<tr><td>任务目标</td><td colspan="2">1. 了解叉车绕桩操作注意事项
2. 掌握叉车带货绕桩的操作</td></tr>
<tr><td colspan="3">操作步骤：</td></tr>
<tr><td>学生自评</td><td colspan="2"></td></tr>
</table>

步骤三：实施绕桩操作

小组代表进行绕桩操作，其他组员在旁边一起学习，完善任务单内容。同时，评分小组在老师的带领下，进行评分工作，填写表2-6：

表2-6　　绕桩操作考核标准

序号	考核点	配分（分）	扣分（分）
1	在行进过程中叉车不得压线	10	
2	在行进过程中叉车不得与杆相碰撞	15	
3	货叉叉取货物后，行进过程中应始终保持货叉后仰状态，避免托盘货物滑落	10	
4	叉车行进时，应保持货叉抬起，并使其距地面20～30cm，不可过低或过高	10	
5	行进过程中托盘货物保持平稳，不得倾斜	10	
6	托盘不得与地面相摩擦	10	
7	托盘货物不得与临近设施、设备相碰撞	15	
8	在行进过程中不得操作起降叉	10	
9	行进过程中货物出现跌落	10	
合计		100	

步骤四：答疑解惑

绕桩操作完成以后，小组进行讨论，收集各组的问题，汇总并交给实训老师，由实训老师对问题进行回答。

步骤五：绕桩操作认知心得体会

根据每小组问题的解答，最终形成“绕桩操作认知心得体会”（如图2-7所示）。

表2-7　　心得体会表

任务名称：	绕桩操作
参观的感受及总结：	

技能训练

讲述绕桩操作的技巧。

任务评价

<table>
<tr><td colspan="2">班级</td><td colspan="4"></td></tr>
<tr><td colspan="2">姓名</td><td colspan="4"></td></tr>
<tr><td colspan="2">小组</td><td colspan="4"></td></tr>
<tr><td colspan="2">活动名称</td><td colspan="4"></td></tr>
<tr><td colspan="2">考核内容</td><td>评价标准</td><td>自评</td><td>教师评</td><td>互评</td></tr>
<tr><td rowspan="2">情感态度</td><td>1</td><td>与小组成员认真、积极讨论</td><td></td><td></td><td></td></tr>
<tr><td>2</td><td>积极配合其他小组成员，共同完成任务目标</td><td></td><td></td><td></td></tr>
<tr><td rowspan="3">活动参与情况</td><td>3</td><td>明确任务目标</td><td></td><td></td><td></td></tr>
<tr><td>4</td><td>认真听从叉车实训老师的指挥</td><td></td><td></td><td></td></tr>
<tr><td>5</td><td>是否积极参与小组活动</td><td></td><td></td><td></td></tr>
<tr><td rowspan="2">认知掌握情况</td><td>6</td><td>能够独立进行任务资讯的预习</td><td></td><td></td><td></td></tr>
<tr><td>7</td><td>能够了解绕桩操作的注意事项</td><td></td><td></td><td></td></tr>
<tr><td rowspan="2">技能掌握情况</td><td>8</td><td>能够掌握绕桩操作的步骤</td><td></td><td></td><td></td></tr>
<tr><td>9</td><td>能够独立进行绕桩操作</td><td></td><td></td><td></td></tr>
<tr><td colspan="3">总得分</td><td colspan="3"></td></tr>
</table>

项目三

叉车安全

实训任务一　叉车操作安全规范

任务目标

知识目标	1. 了解叉车安全操作规范的内容 2. 了解叉车作业“八不准”的具体内容
技能目标	1. 能够熟悉叉车行驶、装卸货物、停放的正确方法 2. 能够了解叉车错误操作带来的危害
素养目标	1. 培养学生具备良好的专业行为规范 2. 培养学生的安全与责任意识

任务描述

近年来，由于叉车操作人员安全意识淡薄以及错误操作叉车，造成了大量资金的损失和人员的伤亡，为了尽量避免此类问题的发生，远大物流公司决定公司上下普及叉车操作安全知识，提高叉车操作人员的安全作业水平和安全意识。

远大物流公司决定对公司内的所有叉车操作人员进行叉车作业监督，如有违反操作规范的行为，则对其行为进行记录，并扣除相应绩效奖金。现在小李需要使用叉车将一批货物从 A 仓库送到 B 仓库，他在操作的过程中应该遵守哪些规范来完成这次任务呢？

任务准备

活动组织形式		分组教学、操作模拟
教学手段		小组讨论、多媒体教学、情景模拟、现场实训
主要涉及角色		叉车实训老师、叉车操作员小李
活动环境	硬件环境	物流实训中心、计算机、纸、笔、叉车、托盘、货架等
	软件环境	网络资源、教材、office 软件

任务资讯

一、安全操作规范

保证叉车驾驶员安全、准确、规范、有效地操作叉车，特此制定了叉车安全操作规程。该规程规定了叉车驾驶员在起步、行驶、装卸等各个环节的操作规范。

1. 人员要求

（1）驾驶叉车的人员必须经过专业培训，通过安全生产监督部门的考核，取得特种操作证，并经公司同意后方能驾驶，严禁无证操作（如图 3-1 所示）。

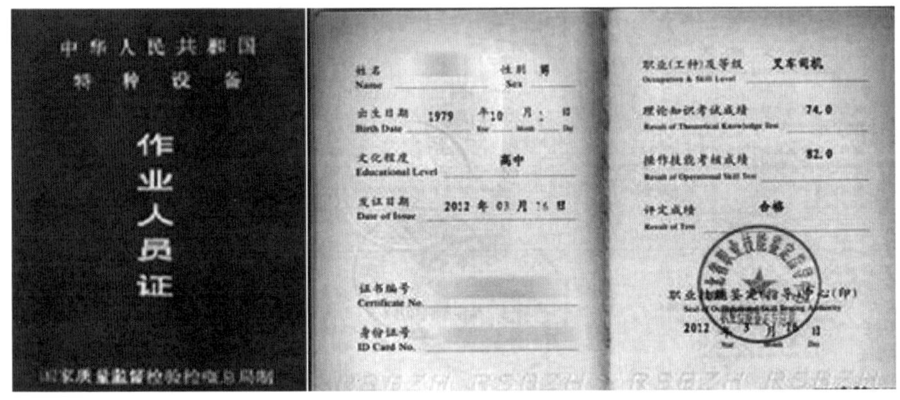

图 3-1　叉车证

（2）严禁酒后驾驶，行驶中不得吸烟、饮食、闲谈、打手机和讲对讲机。

2. 检查车辆

（1）叉车作业前，应检查外观，加注燃料、润滑油和冷却水（如图 3-2 所示）。

图 3-2　检查车辆

润滑油是用在叉车等各种类型机械上以减少摩擦，保护机械及加工件的液体润滑剂，主要起润滑、冷却、防锈、清洁、密封和缓冲等作用。

冷却水，又叫冷却液，全称为防冻冷却液。冷却水可以防止在寒冷冬季停车时冷却液结冰而胀裂散热器和冻坏发动机汽缸体或盖。但是我们要纠正一个误解，防冻液不仅仅限于冬季使用，而在全年都需要使用。叉车正常的保养项目中，每行驶一年，需更换发动机冷却水。

（2）检查启动、运转及制动性能。

叉车制动性能好坏，是安全行车最重要的因素之一，因此也是叉车检测诊断的重点。叉车具有良好的制动性能，遇到紧急情况，可以化险为夷；在正常行驶时，可以提高平均行驶速度，从而提高运输工作效率。

常见的制动系故障有：

①制动失效。即制动系出现了故障，完全丧失了制动能力。

②制动距离延长，超出了允许的限度。

③制动跑偏。是指叉车直线行驶制动时，转向车轮发生自行转动，使叉车产生偏驶的现象。由于叉车制动时，偏离了原来的运行轨迹，因而常常是造成撞车、掉沟，甚至翻车等事故的根源，所以必须予以重视。引起跑偏的因素，就制动系而言，一是左右轮制动力不等；二是左右轮制动力增长速度不一致。特别是转向轮，因此要对制动力增长全过程的左右轮制动力差作出规定，且对前后轴车轮的要求不同。

④制动侧滑。叉车制动时，某一轴的车轮或两轴的车轮发生横向滑动，这种现象称为制动侧滑。汽车在水湿路面或冰雪路面上制动时出现侧滑现象较多。尤其是在上述路面上紧急制动时，更容易出现侧滑，造成叉车甩尾，甚至原地转圈，从而导致交通事故发生。

⑤制动拖滞。在行车中，踩下制动踏板使用制动后，再抬起制动踏板，不能迅速解除制动的现象叫制动拖滞。制动拖滞会耽误随后的起步行驶。

（3）检查灯光、音响信号是否齐全有效。

喇叭是叉车的音响信号装置。在叉车的行驶过程中，驾驶员根据需要和规定发出必需的音响信号，警告行人和引起其他车辆注意，保证交通安全，同时还用于催行与传递信号。

（4）叉车运行过程中应检查压力、温度是否正常。

压力：4 缸机以下的柴油机正常机油压力机油是 2 ~ 4kg，6 缸机是 3 ~ 7kg；

温度：叉车液压系统的温度应不超过 90℃。

（5）叉车运行后还应检查外泄漏情况并及时更换密封件。

叉车液压系统一旦出现油液泄漏，将会使系统压力降低，影响设备的工作安全性。同时，油液泄漏使系统建立压力的速度放缓，使叉车的工作效率降低，随即生产成本升高。因此，必须对液压系统的油液泄漏加以控制。

注：当发现叉车受损或情况有异，请停止操作，并立即通知叉车检修人员；在叉车未彻底修复前，请勿操作（如图 3-3 所示）。

图 3-3　修复后再操作

3. 起步注意事项

（1）起步前，观察四周，确认无妨碍行车安全的障碍后，先鸣笛，后起步。

（2）气压制动的车辆，制动气压表读数须达到规定值才可起步。

到达汽车的起步压力，即弹簧气室处的弹簧力被克服，解除驻车制动后方可起步，通常在 0.49 ~ 0.52MPa。

（3）叉车在载物起步时，驾驶员应先确认所载货物平稳可靠。

（4）起步时须缓慢平稳起步。

4. 行驶注意事项

（1）行驶时，货叉底端距地面高度应保持 300 ~ 400mm，开车前应保持 50 ~ 100mm，门架须后倾，这样可以避免路面不平致使货叉触地（如图 3-4 所示）。

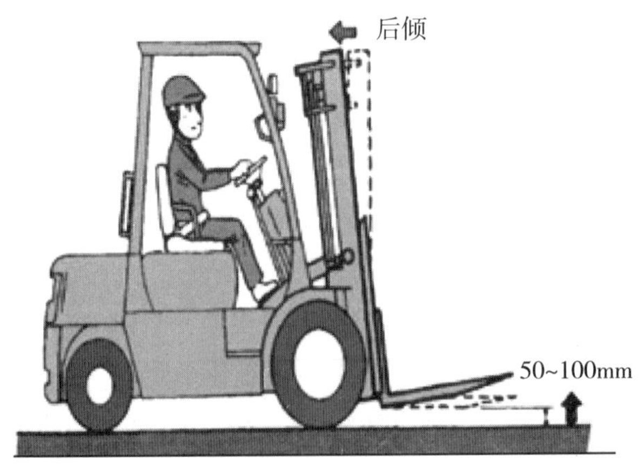

图 3-4　开车前要注意

（2）行驶时不得将货叉升得太高。进出作业现场或行驶途中，要注意上空有无障碍物刮碰。载物行驶时，如货叉升得太高，还会增加叉车总体重心高度，影响叉车的稳定性，甚至造成翻车。

（3）卸货后应先降落货叉至正常的行驶位置后再行驶。

（4）转弯时，如附近有行人或车辆，应发出信号、并禁止高速急转弯。行驶中急转弯，会导致叉车的倾翻并造成严重事故，应降低行驶速度，小心转弯。

（5）叉车在下坡时严禁熄火滑行。叉车的制动系统只作用在驱动车轮，制动力相对来说较弱，更主要的是叉车的转向系统是全液压的，失去动力后叉车的转向基本失效，是非常危险的；其次脱挡滑行，失去发动机的牵制作用，叉车仅靠刹车也是危险的。

（6）非特殊情况，禁止载物行驶中急刹车。突然启动或刹车，会导致货物的倾翻。

（7）当叉车载物以高一挡的速度行驶在坡度超过7°的道路上时，除特殊情况不得使用制动器。

（8）叉车在运行时要遵守厂内交通规则，必须与前面的车辆保持一定的安全距离。

（9）叉车运行时，载荷必须处在不妨碍行驶的最低位置，门架要适当后倾，除堆垛或装车时，不得升高载荷。在搬运庞大物件时，物体挡住驾驶员的视线，此时应倒开叉车。

（10）叉车由后轮控制转向，所以必须时刻注意车后的摆幅，避免初学者驾驶时经常出现的转弯过急现象。

（11）禁止在坡道上转弯，也不应横跨坡道行驶。

（12）叉车载货下坡时，应倒退行驶，以防货物跌落。

（13）在黑暗处操作时打开操作灯（如图3–5所示）。

图3–5 黑暗时开灯操作

5. 装卸注意事项

（1）叉载物品时，应按需调整两货叉间距，使两叉负荷均衡，不得偏斜，物品的一面应贴靠挡货架，叉载的重量应符合载荷中心曲线标志牌的规定。

（2）载物高度不得遮挡驾驶员的视线。

（3）在进行物品的装卸过程中，必须用制动器制动叉车。

（4）货叉车接近或撤离物品时，车速应缓慢平稳，注意车轮不要碾压物品、木垫等，以免碾压物飞起伤人。

（5）用货叉叉取货物时，货叉应尽可能深地叉入载荷下面，还要注意货叉尖不能碰到其他货物或物件。应采用最小的门架后倾来稳定载荷，以免载荷向后滑动。放下载荷时，可使门架小量前倾，以便于安放载荷和抽出货叉。

（6）禁止高速叉取货物和用叉头与坚硬物体碰撞。

（7）叉车作业时，禁止人员站在货叉上。

（8）叉车叉物作业，禁止人员站在货叉周围，以免货物倒塌伤人。

（9）禁止用货叉举升人员从事高处作业，以免发生高处坠落事故。

（10）不准用制动惯性力溜放物品。

（11）禁止使用单叉作业。

（12）禁止超载作业。

二、叉车作业的“八不准”

（1）不准将货物升高作长距离行驶 。

（2）不准用货叉挑翻货盘的方法卸货。

（3）不准用货叉直接铲运危险物品、易燃品等货物。

（4）不准用单货叉作业。

（5）不准用惯性力取货。

（6）不准在货盘或货叉上带人作业，货叉举起后，货叉下严禁站人。

（7）不准用制动惯性力溜放圆形或易滚的货物。

（8）不准在岸边直接铲运船上的货物。

三、叉车驾驶员规定

（1）叉车上除司机以外一律不得载客。叉车的后轮小于前轮，后轮是转向轮，前轮是驱动轮，因此转弯灵活，适宜在较小场地活动。因其转弯半径小、速度快，所以离心力较大。如果在运输时带人同坐在操作台上，特别是外侧和车后，就容易在转弯时受离心力作用而摔下酿成事故。所以叉车行驶时，严禁带人。

（2）行车时，货叉应尽量处于较低的位置（如图 3-6 所示）。

图 3-6　行驶时放低门架

（3）叉车载物在平路上行走时，如果货物过高阻碍司机视线时应倒行。

（4）叉车出入车间大门和拐弯时速度不得超过 3000m/h。

（5）叉车在运送货物时，起重机柱应倾斜向机身。

（6）叉车在起重尺寸较高的货物时，货叉要先仰后升；下降时，先下降后倾斜；行驶时，货叉离地应有 0.3m 的高度。

（7）严禁酒后驾车。

任务实施

叉车搬运货物的一般流程（如图 3-7 所示）。

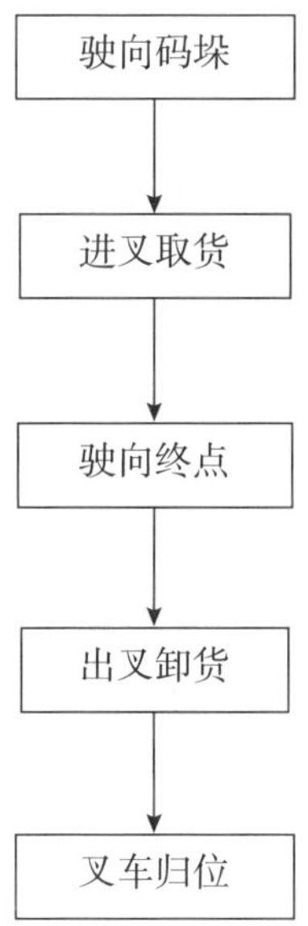

图 3-7　叉车搬运货物的一般流程

步骤一：驶向码垛

码垛：堆放物品的一种机器，码垛机是将已装入容器的纸箱，按一定排列码放在托盘、栈板（木质、塑胶）上，进行自动堆码，可堆码多层，然后推出，便于叉车运至仓库储存（如图3–8所示）。

图3–8　堆码完成的货物

在将叉车（如图3–9所示）驶向码垛前，操作员所应该做的工作是戴上安全帽（如图3–10所示），并进行叉车日常检查，查看叉车的各项设备是否完好，如发现叉车存在任何不安全因素，需立即向相关领导汇报检修，直到叉车恢复到安全操作状态，方可使用。

图3–9　叉车

若检查后车辆一切正常，将车辆驶向A仓库的码垛。在起步时应平稳起步，行驶过程中尽量避免紧急制动，到达货垛位置后将叉车稳停于货垛前面。叉车停稳后，将变速杆置入空挡，将倾斜操纵杆向前推，使门架复原至垂直位置。

图 3－10　叉车操作工服装要求

问：请大家思考一下，启动叉车前没有观察周围情况可能发生什么情况（如图 3－11 所示）？

图 3－11　启动叉车前

步骤二：进叉取货

在将货叉插入托盘之前，首先要调整叉高。向后拉升降操纵杆，提升货叉，使货叉的叉尖对准货下间隙或托盘，然后将叉车插入托盘的间隙。最后微提货叉，向后拉升降操纵杆，使货叉上升到叉车可以离开并运行的高度并向后拉倾斜操纵杆，使门架后仰至极限位置，准备运往 B 仓库（如图 3－12 所示）。

图 3－12　进叉取货

需要注意的是，在装载货物之前，要注意查看叉车的额定荷载量，不能出现超载情况；而且货叉距离地面的高度要合适，过高过低都可能造成不良后果；货物装载的高度尽量不要超过驾驶员的视线高度，如果视线受阻，应将叉车倒车行驶，必要时请其他工作人员引路（如图 3－13 所示）。

图 3－13　倒车行驶

问：如果装好货物后没有使门架后倾会发生什么情况？

步骤三：驶向终点

车辆装货之后由于驾驶员的视线范围受到了一定的阻碍，所以在车辆启动之前应该观察周围情况，确定叉车附近没有其他人员，并鸣喇叭提醒周围操作人员。随后叉车在卸货地点停稳，做好卸货准备。

问：如果装载货物的高度超过了叉车人员的操作视线会存在什么安全隐患？

步骤四：落叉卸货

向后拉升降杆，货叉起升对准放货所必需的高度，变速杆置于前进挡，叉车缓慢前进，使货叉位于待放货物上方，停车制动。向前推倾斜操纵杆，门架前倾。向前推升降操纵杆，货叉下降，将货物平稳放在货垛上。

步骤五：叉车归位

先将变速杆置于后退挡，缓解制动，叉车后退至能将货车落下的距离。向后拉倾斜操纵杆，门架倾斜至极限位置。向前推升降操纵杆，调整货叉高度，放下货叉至距地面 200～300mm 高度。向后起动，驶向叉车存放地，熄火，挡位归于空挡。

问：如果叉车归位后挡位未归于空挡会存在怎样的危险性？

步骤六：结果评比（如表 3－1 所示）

表 3－1　　结果评比

操作	得分（酌情得分）（分）	说明
1. 佩戴安全帽（1 分）		
2. 检查车辆（2 分）		
3. 启动前观察周围情况并鸣喇叭（2 分）		

续　表

操作	得分（酌情得分）（分）	说明
4. 行驶中货叉位置合适（1 分）		
5. 门架倾斜（1 分）		
6. 载货量没有超重（1 分）		
7. 装载货物的高度不影响叉车操作工的视线（1 分）		
8. 挡位归零（1 分）		
总分（10 分）		

技能训练

案例分析：

某工厂使用的叉车限载 3t。一天，组长王某接到上级安排，将一托货物从仓库堆放到出货运输车里。王某立刻安排仓库备料，并安排驾驶员小李进行堆放作业。小李驾驶叉车到达仓库后，看到货物上标识重量为 3. 39t，未向组长王某反映情况，继续作业。叉车叉起堆有货物的栈板后，车体后部突然翘起，驾驶员就叫附近的张某，蒋某，赵某三人立即站到车体的后部，使叉车恢复平衡，继续驾驶叉车操作。

在距离目的地 100m 的地方，有一段约 30 度的斜坡路面。当小李驾驶叉车经过斜坡时，叉车熄火，同时叉车后部又翘了起来，货物从失去平衡的叉车上落下，站在叉车后面的 3 人摔落，此时叉车的后轮落地，赵某被叉车左后轮压到小腿，小腿严重骨折（如图 3- 14 所示）。

图 3- 14　叉车事故

请分析事故发生的原因。

任务评价

<table>
<tr><td colspan="2">班级</td><td colspan="4"></td></tr>
<tr><td colspan="2">姓名</td><td colspan="4"></td></tr>
<tr><td colspan="2">小组</td><td colspan="4"></td></tr>
<tr><td colspan="2">活动名称</td><td colspan="4"></td></tr>
<tr><td colspan="2">考核内容</td><td>评价标准</td><td>自评</td><td>教师评</td><td>互评</td></tr>
<tr><td rowspan="2">情感态度</td><td>1</td><td>与小组成员认真、积极讨论</td><td></td><td></td><td></td></tr>
<tr><td>2</td><td>积极配合其他小组成员，共同完成任务目标</td><td></td><td></td><td></td></tr>
<tr><td rowspan="3">活动参与情况</td><td>3</td><td>明确任务目标</td><td></td><td></td><td></td></tr>
<tr><td>4</td><td>认真听从老师与叉车操作员的指挥</td><td></td><td></td><td></td></tr>
<tr><td>5</td><td>在参观过程中，是否积极参与小组讨论</td><td></td><td></td><td></td></tr>
<tr><td rowspan="4">认知掌握情况</td><td>6</td><td>能够独立进行任务资讯的预习</td><td></td><td></td><td></td></tr>
<tr><td>7</td><td>能够了解叉车安全操作规范</td><td></td><td></td><td></td></tr>
<tr><td>8</td><td>能够了解叉车作业“八不准”</td><td></td><td></td><td></td></tr>
<tr><td>9</td><td>能够了解叉车驾驶员规定</td><td></td><td></td><td></td></tr>
<tr><td colspan="3">总得分</td><td colspan="3"></td></tr>
</table>

实训任务二　叉车的保养与维护

任务目标

知识目标	1. 了解叉车的日常维修内容及方法 2. 了解叉车的一级技术保养与二级技术保养
技能目标	能够独立对叉车进行日常维护和保养
素养目标	1. 培养学生具备良好的专业行为规范 2. 培养学生认真负责的工作态度

任务描述

远大仓储中心为了保证生产送料的顺利进行，延长叉车的使用寿命，节省叉车不必要的异常损耗，准备加强对自有叉车的保养维护工作。领导把这项叉车维护保养的工作交给了李明，他应该如何执行这项任务呢?

任务准备

<table>
<tr><td colspan="2">活动组织形式</td><td>分组教学、操作模拟</td></tr>
<tr><td colspan="2">教学手段</td><td>小组讨论、多媒体教学、情景模拟、现场实训</td></tr>
<tr><td colspan="2">主要涉及角色</td><td>叉车实训老师、叉车保养员李明</td></tr>
<tr><td rowspan="2">活动环境</td><td>硬件环境</td><td>物流实训中心、计算机、纸、笔、叉车、其他模拟物品</td></tr>
<tr><td>软件环境</td><td>网络资源、教材、office 软件</td></tr>
</table>

任务资讯

叉车在作业过程中，由于内部机构的运动摩擦和外界各种条件的影响，叉车的各个零件会产生磨损现象，如不及时调整保养，磨损加剧会造成严重后果。所以，为了保障叉车操作过程的安全，应对叉车进行按时的维护保养。

一、日常维护

叉车需要日常维护的项目有很多，按其作业的性质区分，主要工作有清洁、检查、紧定、调整和润滑等。

1. 清洁

清洁工作是提高保养质量，减轻机件磨损和降低油料、材料消耗的基础，并为检查、紧定、调整和润滑做好准备。

清洗叉车重点部位处的污垢和泥土，如是：货叉架及门架滑道、发电机及起动器、蓄电池电极叉柱、水箱、空气滤清器等处。如图 3-15 ~ 图 3-23 所示是需要维护和保养的一些地方展示：

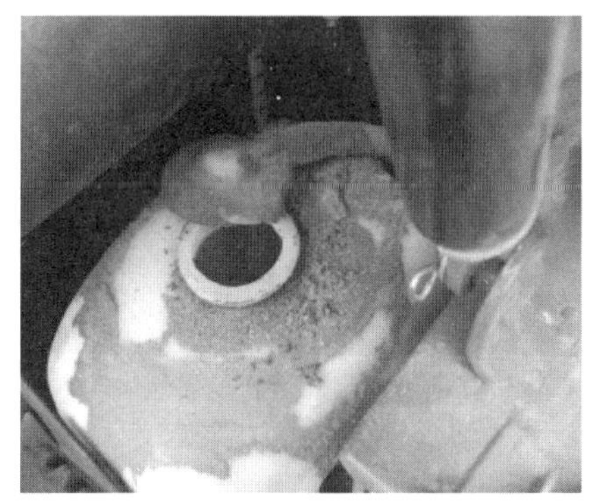

图 3-15　水箱

图 3-16　水箱散热片

图 3-17　检查水箱是否缺水

图 3-18　多路阀、变速箱

图 3-19　门架

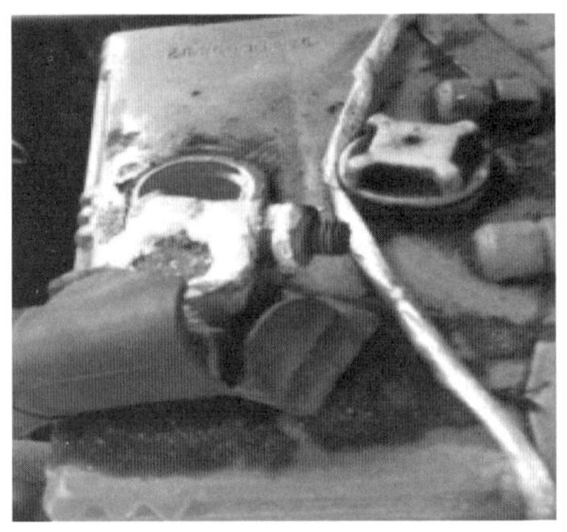

图 3-20　电池表面及端子

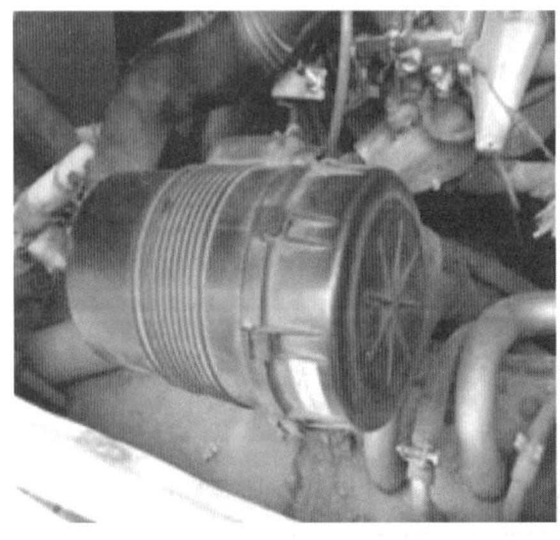

图 3-21　空气滤清器

图 3-22 检查发动机机油

图 3-23 检查电池水的液面位置，在电池箱体的两条上下线之间

清洁工作所要达到的最终效果是：外观整洁，发动机及各部件和随车工具无油污，各滤清器工作正常，液压油、机油无污染，各管路畅通无阻。

2. 检查

检查是通过检视、测量、试验和其他方法，来确定各部件技术性能是否正常，工作是否可靠，机件有无异常。

叉车运行中应经常留意观察叉车仪表指示灯工作情况及行驶过程中有无异常响声、气味和水温的变化（如图 3-24 所示）。

检查脚制动器、转向器的可靠性、灵活性和转向灯和制动灯等部分灯具（如图

图 3-24　仪表盘

3-25所示）。

图 3-25　检查灯具

渗漏情况的重点检查部位是：各管接头、柴油箱、机油箱、制动泵、升降油缸、倾斜油缸、水箱、水泵、发动机油底壳、变矩器、变速器、驱动桥、主减速器、液压转向器、转向油缸（如图 3-26、图 3-27 所示）。

检查需要达到的最终效果是：发动机及各部件状态正常，机件齐全可靠，各连接、紧固完好。

3. 紧定

叉车在日常工作中，由于颠簸、振动、机件热胀冷缩等原因，会使叉车各部件产

图 3-26 检查渗漏情况

图 3-27 检查水泵、水管是否漏水

生松动、脱落、损坏或者丢失，这在一定程度上会对叉车的稳定性产生影响，所以要对叉车各部件的紧固程度进行定期维护。

叉车紧固情况进行检查的重点部位是：货叉架支撑、起重链拉紧螺丝、车轮螺钉、车轮固定销、制动器、转向器螺钉等（如图 3-28、图 3-29 所示）。

紧定需要达到的最终效果是：发动机及各部件状态正常，机件齐全可靠，各连接、紧固完好，确保作业安全、可靠。

4. 调整

调整就是为了使叉车的技术性能和零部件间的配合能够正常进行而做的一项重要工作，它需要根据叉车的实际情况及时进行。

做好调整工作的前提要求：熟悉各部的调整基数要求，能够按照正确的方法、步

图 3-28　注意车轮

图 3-29　检查升降链条的松紧

骤，认真、细致地进行调整。

5. 润滑

润滑工作不但可以保证叉车正常可靠工作，还可以延长叉车使用寿命。润滑工作的主要对象有发动机、齿轮箱、液压缸内部和传动部件，以及轴承等。

叉车的润滑应根据地区和季节的不同，选择正确的润滑剂品种，加注的油品和工具应及时处理保存。

二、一级技术保养

按照“日常维护”项目进行，并增添下列工作内容：

（1）检查汽缸压力或密封性。

（2）检查与调整气门间隙（如图 3-30、图 3-31 所示）。

图 3-30　调整气门间隙

图 3-31　调整气门间隙

（3）检查节温器工作是否正常。

（4）检查多路换向阀、升降油缸、倾斜油缸、转向油缸及齿轮泵工作是否正常（如图 3-32 所示）。

（5）检查变速器的换档工作是否正常（如图 3-33 所示）。

（6）检查并调整手、脚制动器的制动片与制动鼓的间隙（如图 3-34 所示）。

（7）更换油底壳内机油，检查曲轴箱通风接管是否完好，清洗机油滤清器和柴油滤清器滤芯（如图 3-35、图 3-36 所示）。

（8）检查发动机及启动电机是否牢固，与接线头是否清洁牢固，清洗机油滤清器和柴油滤清器滤芯。

（9）检查风扇传动带松紧程度。

（10）检查车轮安装是否牢固，轮胎气压是否符合要求，并清除胎面嵌入的杂物（如图 3-37 所示）。

图 3-32　检查齿轮泵

图 3-33　检查变速器

三、二级技术保养

除按一级技术保养各项目外，并增添下列工作：

（1）清洗各油箱、过滤网及管路，并检查有无腐蚀、撞裂情况，清洗后不得用带有纤维的纱头、布料抹擦；

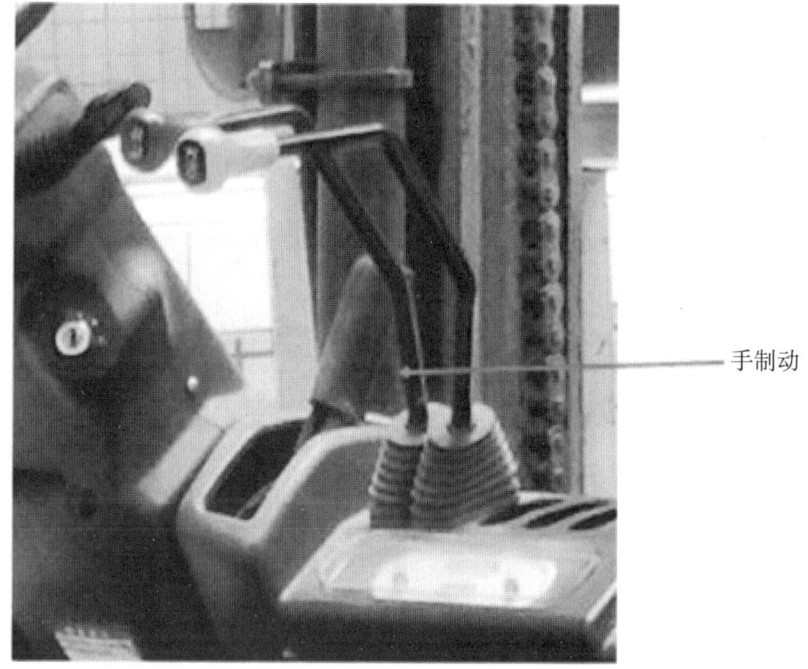

图 3-34 检查手制动

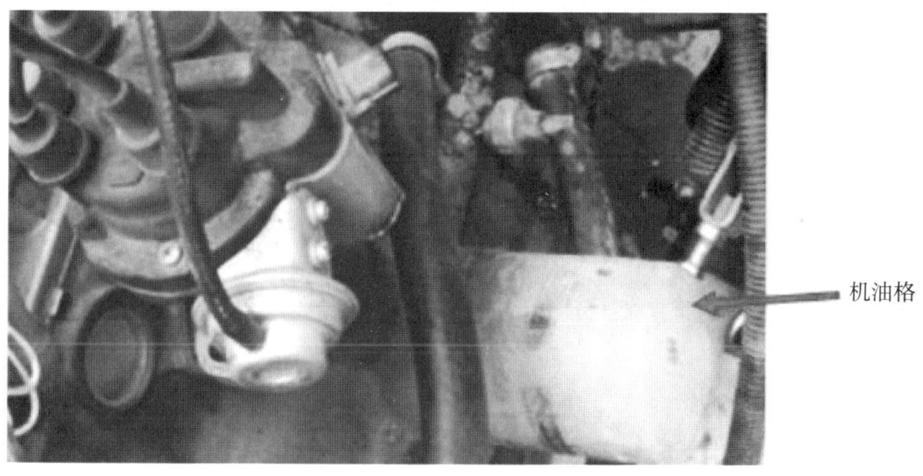

图 3-35 检查机油滤清器

（2）清洗变矩器、变速箱、检查零件磨损情况，更换新油；

（3）检查传动轴轴承，视需要调换万向节十字轴方向；

（4）检查驱动桥各部紧固情况及有无漏油现象，疏通气孔，拆检主减速器、差速器、轮边减速器，调整轴承轴向间隙，添加或更换润滑油；

（5）拆检、调整和润滑前后轮毂，进行半轴换位；

（6）清洗制动器，调整制动鼓和制动蹄摩擦片间的间隙；

图 3-36　检查曲轴箱通风管

图 3-37　检查胎面

（7）清洗转向器，检查转向盘的自由转动量；

（8）拆卸及清洗齿轮油泵，注意检查齿轮，壳体及轴承的磨损情况；

（9）拆卸多路阀，检查阀杆与阀体的间隙，如无必要时勿拆开安全阀；

（10）检查转向节有无损伤和裂纹，转向桥主销与转向节的配合情况，拆检纵横拉杆和转向臂各接头的磨损情况；

（11）拆卸轮胎，对轮辋除锈刷漆，检查内外胎和垫带，换位并按规定充气；

（12）检查手制动机件的连接紧固情况，调整手制动杆和脚制动踏板工作行程；

（13）检查蓄电池电液比重，如与要求不符，必须拆下充电；

（14）清洗水箱及油散热器；

（15）检查货架、车架有无变形，拆洗滚轮、各附件固定是否可靠，必要时补添焊牢；

（16）拆检起升油缸，倾斜油缸及转向油缸，更换磨损的密封件；

（17）检查各仪表感应器、保险丝及各种开关，必要时进行调整。

四、全车润滑

新叉车或长期停止工作后的叉车，在开始使用的两星期内，对于应进行润滑的轴承，在加油润滑时，应利用新油将陈油全部挤出，并润滑两次以上，同时应注意下列几点：

（1）润滑前应清除油盖、油塞和油嘴上面的污垢，以免污垢落入机构内部；

（2）用油脂枪压注润滑剂时，应压注到各部件的零件结合处挤出润滑剂为止；

（3）在夏季或冬季应更换季节性润滑剂（机油等）。

任务实施

根据班级人数进行分组，每组5~6人，设一名组长，带领本组同学对仓库内叉车的维修进行预习及认知。

步骤一：维修保养工具及相关物品准备

需要准备的东西有维修所需常用工具（如手锤、起子、钳子、扳子等），保养用的各种油，清洗剂，水等物品和材料（如图3-38、图3-39所示）。

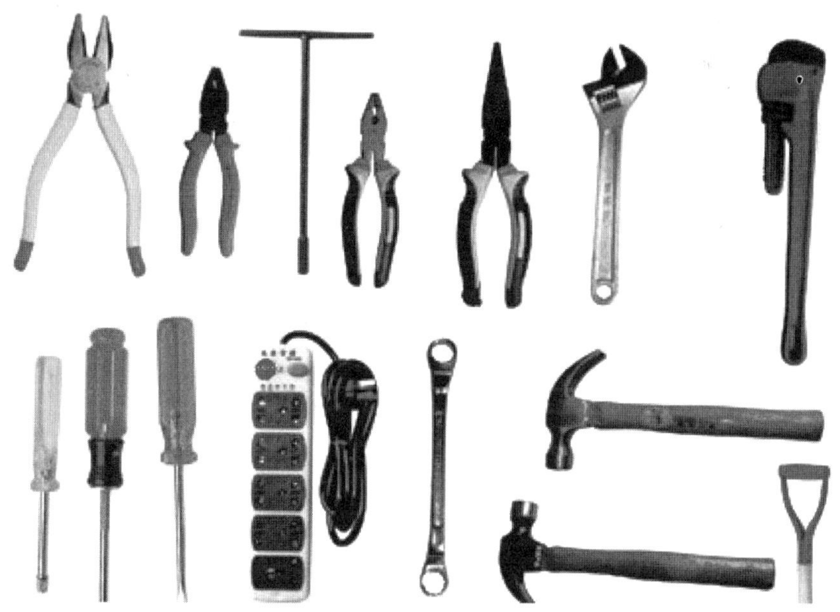

图3-38 维修工具

图 3-39　汽车保养液

步骤二：制定维护保养周期表

不同级别的维护保养工作任务量不同，所以执行的周期也应有所区别（如表 3-2 所示）：

表 3-2　保养周期表

维护保养类别	周　期
日常维护	每天一次（班后保养）
一级技术保养	每月一次（班后保养）
二级技术保养	每三月一次（班后保养）

步骤三：叉车维护保养内容（如表 3-3 所示）

表 3-3　叉车日常保养

序号	日常保养列表	具体保养地方	保养情况
1	清洗叉车上的污垢、泥土和埃垢	货叉架及门架滑道、发电机及起动器、蓄电池电极叉柱、水箱、空气滤清器等	
2	仪表盘附近	叉车仪表指示灯工作情况及行驶过程中有无异常响声和气味，水温的变化	
3	检查各部位的紧固情况	货叉架支承、起重链拉紧螺丝、车轮螺钉、车轮固定销、制动器、转向器螺钉	
4	检查脚制动器、转向器	脚制动器、转向器的可靠性、灵活性和各部分灯具	
5	检查渗漏情况	各管接头、柴油箱、机油箱、制动泵、升降油缸、倾斜油缸、水箱、水泵、发动机油底壳、变矩器、变速器、驱动桥、主减速器、液压转向器、转向油缸	

步骤四：电瓶清洁、维护、补水

1. 电池的清洁方式

使用柔软、清洁的干布轻轻的拂拭。

2. 电瓶的维护（如表 3–4 所示）

表 3–4 电瓶的维护

检查方式	检查内容
电池系统的日常检查	充电系统；使用环境
电池系统的季度检查	系统的浮充电压；系统的环境温度；系统浮充电压；单只电池的浮充电压
电池系统年度维护	电池外观检查；连线维护；综合系统维护

3. 电瓶的补水

（1）把电池的电用（或者放）完。

（2）用干净的筷子从溢气阀口探入触及极板群，取出观察筷子头部若是湿润的，说明这个单格不缺水，不必加水；否则需要加水。注意，同一个电池的 6 个单格缺水的情况不一定相同。

（3）用注射器向需要加水的单格依次注入 2 ~ 3mL 水后放置，让注入的水有足够时间逐渐浸入极板群。如果是充电发烫的严重缺水电池，每格首次加水 5 ~ 10mL。

（4）一段时间后用干净筷子探查，若没有积水可继续再注入 2 ~ 3mL。

（5）用充电器连续修复 10h，用完电（或者放完电）。此时所加的水可能进一步浸入，再次探查各个单格，补充至刚刚有积水。

（6）盖好橡皮帽、还原填塞物。用胶粘合电池盖、充电、加水完成。

说明：如果万一加水过多，一定要在放完电的状态下吸出多余电解液才不使酸损失过多，否则会造成电池电压达不到正常标准，难以达到蓄电池修复效果。

步骤五：叉车液压电机清洁与维护

（1）准备清洗主材；

（2）电机解体、抽芯工作；

（3）测定定子、转子绕组对地（壳）绝缘值；

（4）绕组表面浮尘油污清除；

（5）对定子及转子绕组充分清洗，直至彻底洗出绕组本色；

（6）彻底风干清洗表面，视情况决定是否喷洗防潮绝缘保护剂；

（7）电机外壳用清洗剂清洗。

步骤六：轮胎检查（如表 3–5 所示）

表 3–5　轮胎检查

检测结果	原因	解决方法	图片
1. 外侧边缘磨损	轮胎经常处于充气不足的状态，即压力不够	多检查几次轮胎压力	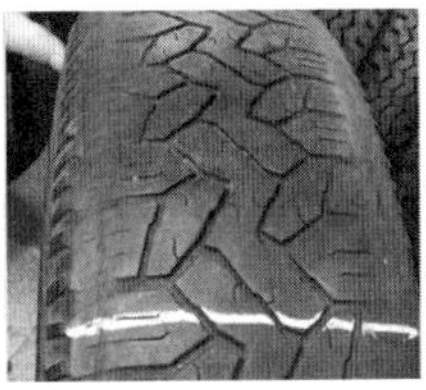
2. 凸状及波纹状磨损	车的减震器、轴承及球形联轴节等部件磨损较为严重	检查悬挂系统的磨损情况、更换磨损部件	
3. 表面均匀磨损	正常现象	更换轮胎	
4. 轮胎内的“暗伤”	车辆与硬物发生冲撞后（例如撞在便道边沿上），或在瘪胎状态下行驶后	刨面较小，修补；否则立即更换轮胎	
5. 中心部分磨损	轮胎经常处于充气过满的状态	要检查压力表是否精确；调整好压力	
6. 轮胎侧面裂纹	保养不善或行驶于多石子的路面及建筑工地上	以修补为好；否则要更换轮胎	
7. 轮胎出现鼓泡	轮胎内层有裂纹	最好及时更换轮胎	
8. 轮胎内侧磨损	悬挂系统不良	把减震器、球形联轴节等一应配件全更换一下	
9. 轮胎局部磨损	紧急刹车时别住车轮造成的	必须更换轮胎	

通过上面几个步骤的执行，就可以完成叉车的维护与保养。

技能训练

叉车保养的对象及内容有哪些？

任务评价

班级					
姓名					
小组					
活动名称					
考核内容		评价标准	自评	教师评	互评
情感态度	1	与小组成员认真、积极讨论			
	2	积极配合其他小组成员，共同完成任务目标			
活动参与情况	3	明确任务目标			
	4	认真听从老师与叉车操作员的指挥			
	5	在参观过程中，是否积极参与参观过程			
认知掌握情况	6	能够独立进行任务资讯的预习			
	7	能够了解叉车的日常保养			
	8	能够独立进行叉车的日常保养			
	9	能够了解叉车的一级技术保养			
	10	能够了解叉车的二级技术保养			
总得分					

项目四

叉车比赛模拟实训

实训任务　叉车比赛模拟实训

任务目标

知识目标	1. 熟悉比赛路线 2. 理解比赛规则和评分标准 3. 掌握叉车安全操作规范
技能目标	能够在限定的条件范围内完成比赛
素养目标	1. 培养学生良好的沟通能力和团队合作精神 2. 培养学生的安全和责任意识

任务描述

为检验现代物流专业教师队伍的教学能力，展示教师的技艺水平，对年轻教师进行锻炼，促进教师综合能力的提高，提高教学质量，按照学校有关技能大赛的要求制定叉车比赛的方案，光大学校依照方案进行了叉车实训模拟比赛。

任务准备

活动组织形式		分组教学、现场实践
教学手段		小组讨论、多媒体教学、现场实训
主要涉及角色		叉车实训老师、叉车操作员
活动环境	硬件环境	物流实训中心、计算机、纸、笔、叉车、托盘、货架、模拟物品等
	软件环境	网络资源、教材、office 软件

任务资讯

一、竞赛组织机构

竞赛组织机构主要包括主办单位、承办单位，负责叉车比赛的总体承办。

比赛中工作人员岗位主要是依据叉车比赛相关机构和相关人员的职责进行划分，比如：

（1）组长：全面负责比赛各项事务

（2）裁判长：负责比赛裁判组织，比赛异议仲裁。

（3）比赛组长：负责场地准备、器材准备、比赛次序维持。

（4）考评组：比赛计分、总成绩统计、确定排名。

（5）场地布置、器材准备员：布置场地、器材准备、恢复器材、维持次序。

二、竞赛内容

参赛选手根据比赛规定的路线完成各项操作，主要操作内容包括：起步前准备、叉运货物、入库上架、移库作业、带货绕桩、货盘堆码、返回停车。

三、操作流程

（1）参赛选手准备就绪后，举手向裁判长报告“车辆正常，请求比赛”裁判长鸣哨，示意比赛开始后，计时员开始计时；

（2）按要求登车、鸣笛、起步，将叉车从车库 1 驶出，沿通道驶向托盘存放区；

（3）将托盘叉起，入库上架至托盘存放区 3 的 A 货位，同时，取 B 的托盘，移库贯通货架区；

（4）将托盘放置 C，再取 D 托盘，沿路线进入绕桩区；

（5）按规定的路线正向通过绕桩区的 4 个桩柱后，进入托盘货物区 6，托盘放置到指定的 E 货位上；

（6）取 F 货位托盘进行出库作业，将货物放置悬空支架杆的模拟货台；

（7）参赛选手回到托盘存放区按顺序转移放置到托盘存放区域的指定区域内，并进行堆码作业，在比赛限定时间内，放置的数量越多，得分越高；

（8）在规定时间内完成全部操作后，选手调整方向倒行回到车库 1 叉车停稳下车后，举手报告操作完成，裁判长鸣哨，计时终止，比赛结束。

四、比赛场地示意

如图 4-1 所示。

五、评分

根据参赛选手操作的速度和质量进行评分，质量越好，速度越快的选手，成绩越高。

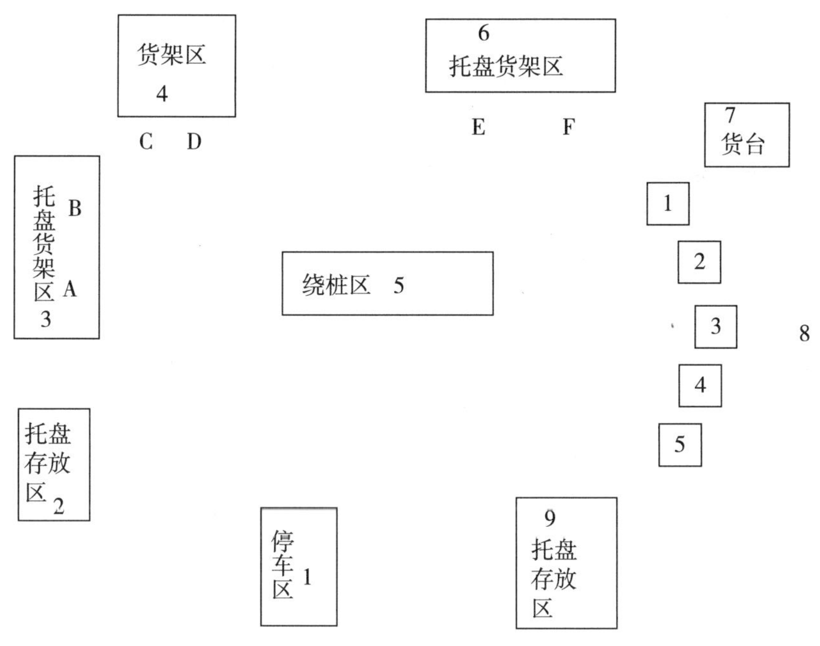

图 4-1 比赛场地示意

（1）参赛选手叉车实操成绩 = 操作质量成绩 + 操作速度成绩。

（2）参赛选手技能单项赛成绩 = 实操成绩 ×80% + 理论考试成绩 ×20%

（3）操作速度成绩计分方法。

操作速度以秒（s）为基本计分点，提前 1s 加 0.17 分。计算公式为：操作速度成绩 =（600s − 选手实际操作时间折合秒数）×0.17。

（4）操作质量是评判参赛选手的叉车驾驶基本功和叉车操作技巧的掌握程度。比赛程度分为若干个操作环节，裁判根据参赛选手在这些环节的失误、规范及未完成的内容等进行扣分。以下为各操作环节分值：

（1）起步前准备、动叉车 11 分

（2）叉车货物、带货绕桩 27 分

（3）货品入库 8 分

（4）货物移库 16 分

（5）货物出库悬空放置 8 分

（6）托盘码垛 25 分

（7）入库停车 5 分

六、叉车技能大赛安全操作规则

（1）参赛选手未经裁判同意，不得擅自驾驶比赛叉车；

（2）服用药物或饮酒后，不得驾驶叉车；

（3）驾驶叉车过程中鸣喇叭，放手刹车，停车下车时拉上手制动；

（4）比赛过程中如碰倒障碍物，应将叉车停稳后，方可下车去扶起障碍物；

（5）参赛选手必须坐在座椅上才允许操作叉车，不得离座驾驶叉车；

（6）驾驶叉车行驶过程中，不得擅自跳离叉车；

（7）驾驶叉车过程中，将身体保持在叉车内，绝对不要将身体的任何部位伸到门架的运行轨道内，或者是门架和叉车之间及叉车外部；

（8）货叉取货物时，尽量不要让货物偏载，运输过程中货叉离地保持在0.3m内；

（9）驾驶过程中，要时刻注意观察四面八方的路况，避免碰到场地上的人和物；

（10）叉车在急转弯时，要减速和观察叉车尾部的摆动；

（11）未经裁判同意，不得擅自运载人员；

（12）叉车停止后，应完全降下货叉。

七、竞赛安全事项

（1）在比赛开始前，组织者必须提醒参赛者、裁判以及观众注意安全事项，如安全区域标识等；

（2）参赛选手应清楚如何安全驾驶叉车，必须具有职业资质证书（驾照）；

（3）在各场地边线外1～2m设置护栏/带，以防止无关人员进入场地，确保观众安全；

（4）在每个比赛项目开始时，要求选手举手示意表示准备完成，看到裁判员发出旗示时可以开始比赛；

（5）参赛选手在未经裁判的同意下，不得擅自驾驶叉车，如发现取消比赛资格；

（6）为保证比赛有序进行，任何人不许在比赛场吸烟、乱丢杂物，一经发现，取消其参赛的资格。

任务实施

比赛考核顺序流程如图4-2所示：

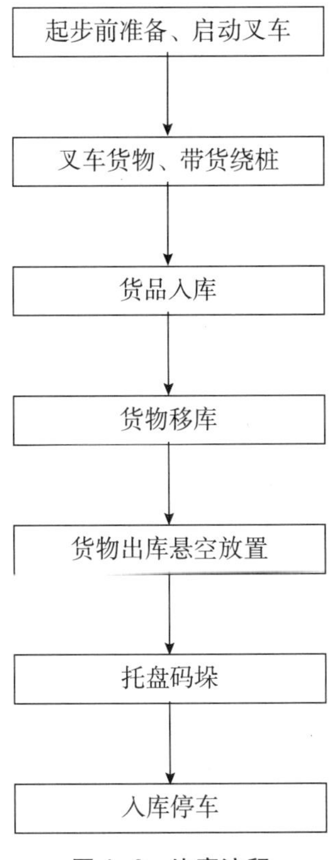

图 4-2 比赛流程

步骤一：起步前准备、启动叉车

1. 起步前准备（共 5 分，每步 1 分）

左手扶安全把手，右手扶座椅，左脚登踏，正确系上安全带，佩戴安全帽。

2. 叉车启动（4 分，每步 1 分）

启动叉车时应鸣笛，松开驻车制动，上升货叉，门架后仰。

步骤二：叉取货物、带货绕桩

1. 叉取货物（14 分）

叉车取货八步骤：驶近货垛，垂直门架，调整叉高，进叉取货，微提货叉，后倾门架，驶离货位，调整叉高。叉取货物过程中不得碰撞托盘、货物、货架等。

2. 带货绕桩

叉车不得碰撞边线杆，不得撞杆，转弯时应记得转向灯。（每次接触杆扣 1 分，共 10 分，扣完为止）

步骤三：货品入库

入库位置不正确或者未完成这项作业，或托盘入位不整齐等情况，酌情扣分（共 8 分）。

步骤四：货物移库

移库货位不准确或未完成这项作业，或托盘入位不整齐等情况，酌情扣分（共 16 分），因为这一作业的工作量是货品入库作业的两倍，包括了货品出库和货品入库两大部分。

步骤五：货物出库悬空放置

货物在移库的过程中，从 A 库取出到 B 库入库之前，这段时间货物暂存在货叉上，处于悬空状态。货叉取货时，托盘应保持平衡，以免在运输途中掉落。根据实际情况酌情得分（8 分）。

步骤六：托盘码垛

这项作业需要完成的工作就是利用叉车完成货物的堆码作业，这项作业的考核是通过已堆码托盘的整齐度以及叉车使用的规范程度来衡量的。（25 分）

步骤七：入库停车

使用完叉车后，应将叉车放回其原来位置，停车熄火。完成操作后，规范下车，举手报告操作完毕。（5 分）

步骤八：比赛总结

由相关负责人宣布各组得分情况，并对比赛中叉车操作存在的普遍问题进行点评，总结此次比赛（如表 4-1 所示）。

表 4-1　比赛得分情况汇总

姓名：______

序号	操作内容	分数	得分（分）
1	起步前准备、动叉车	9 分	
2	叉取货物、带货绕桩	24 分	
3	货品入库	8 分	
4	货物移库	16 分	
5	货物出库悬空放置	8 分	
6	托盘码垛	25 分	
7	入库停车	5 分	

得分：______

技能训练

进行叉车的绕桩实训，并讲述操作要点和比赛评分标准。

任务评价

<table>
<tr><td colspan="2">班级</td><td colspan="4"></td></tr>
<tr><td colspan="2">姓名</td><td colspan="4"></td></tr>
<tr><td colspan="2">小组</td><td colspan="4"></td></tr>
<tr><td colspan="2">活动名称</td><td colspan="4"></td></tr>
<tr><td colspan="2">考核内容</td><td>评价标准</td><td>自评</td><td>教师评</td><td>互评</td></tr>
<tr><td rowspan="2">情感态度</td><td>1</td><td>与小组成员认真、积极讨论</td><td></td><td></td><td></td></tr>
<tr><td>2</td><td>积极配合其他小组成员，共同完成任务目标</td><td></td><td></td><td></td></tr>
<tr><td rowspan="3">活动参与情况</td><td>3</td><td>明确任务目标</td><td></td><td></td><td></td></tr>
<tr><td>4</td><td>认真听从老师与叉车操作员的指挥</td><td></td><td></td><td></td></tr>
<tr><td>5</td><td>在参观过程中，是否积极参与竞赛</td><td></td><td></td><td></td></tr>
<tr><td rowspan="5">认知掌握情况</td><td>6</td><td>熟悉比赛行驶线路</td><td></td><td></td><td></td></tr>
<tr><td>7</td><td>掌握比赛规则</td><td></td><td></td><td></td></tr>
<tr><td>8</td><td>理解评分标准</td><td></td><td></td><td></td></tr>
<tr><td>9</td><td>掌握叉车安全操作规则</td><td></td><td></td><td></td></tr>
<tr><td>10</td><td>能够在限定条件范围完成比赛</td><td></td><td></td><td></td></tr>
<tr><td colspan="3">总得分</td><td colspan="3"></td></tr>
</table>

参考文献

［1］孙红菊．物流师（仓储配送）四级实务操作篇［M］．北京：中国劳动与社会保障出版社，2012.

［2］冯其河．叉车技术实训教程［M］．南京：东南大学出版社，2013.

［3］王成林．物流实训教程［M］．北京：中国物资出版社，2012.

［4］李宏．叉车操作工培训教程［M］．北京：化学工业出版社，2009.

［5］《就业金钥匙》编委会．叉车操作工上岗一路通［M］．北京：化学工业出版社，2013.

［6］王婕芬．企业叉车操作基本技能［M］．北京：中国劳动与社会保障出版社，2009.

［7］上海市职业培训研究发展中心．叉车司机（四级）——指导手册［M］．北京：中国劳动与社会保障出版社，2010.